城市建筑色彩语言

季　翔　周宣东　著

中国建筑工业出版社

图书在版编目（CIP）数据

城市建筑色彩语言／季翔，周宣东著．—北京：中国建筑工业出版社，2015.6
ISBN 978-7-112-17544-4

Ⅰ.①城… Ⅱ.①季…②周… Ⅲ.①建筑色彩－研究－徐州市 Ⅳ.①TU115

中国版本图书馆 CIP 数据核字（2014）第 274540 号

该书以徐州城市建筑色彩规划设计管理为例，通过系统的理论研究和大量的应用实例编著而成。详细地归纳了城市建筑色彩的规划思路与方针、色彩规划控制体系以及色彩管控基准，提出了城市建筑色彩的控制色谱和推荐色谱，制定了城市建筑色彩管控基准，并为我国其他城市建筑色彩的规划设计提供了有效的参考，指导城市色彩规划的可持续发展。本书可以作为高等院校相关专业的参考教材，也为相关行业读者提供相应的参考价值。

* * *

责任编辑：郦锁林 周方圆
责任校对：李美娜 陈晶晶

城市建筑色彩语言
季 翔 周宣东 著
*
中国建筑工业出版社出版、发行（北京西郊百万庄）
各地新华书店、建筑书店经销
北京京点图文设计有限公司制版
北京方嘉彩色印刷有限责任公司印刷
*
开本：787×960 毫米 1/16 印张：11½ 字数：155 千字
2015 年 6 月第一版 2015 年 6 月第一次印刷
定价：76.00元
ISBN 978-7-112-17544-4
（26757）

序

色彩是一种无声的语言，它存在于万物之中，构成了五彩缤纷的大千世界，也构成了人类的生存环境，对一座城市具有非常重要的意义。一个城市的印象在很大程度上取决于视觉所带来的形象，而在视觉的世界里，色彩起到尤为重要的作用。它不仅可以体现城市的总体风貌，展示城市的人居环境质量，而且可以反映区域文化特征。人们会通过城市建筑色彩来感知城市的特性和人文内涵，个性独特、优美如画的城市建筑色彩能为城市添加无穷的魅力。

随着二十世纪初色彩理论和城市规划理论以及建筑设计学科的发展，有关城市建筑色彩的认识达到一个新的水平。二十世纪七十年代，法国色彩学家让·菲利普·朗克洛（Jean-philippe Lenclos）提出色彩地理学理论，探讨不同的地理环境中各种自然与人造色彩现象的成因和规律，极大地推动了城市色彩规划理论的发展。我国关于色彩的研究起步较晚，色彩学一直没有得到系统科学的发展，到了二十世纪，西方自然科学的大量引进，中国才逐渐接触到西方先进的颜色科学理论，并开始致力于符合中国国情的色彩研究。在当前现代化城市建设中，如何运用科学的手段研究城市建筑色彩？怎样把城市的文化背景、历史发展脉络作为色彩控制的着力点？怎样与地方的传统色彩相协调？怎样使具有地方特色的色彩依托建筑这个载体传承下去等问题，在实践的环节中不断呈现在我们面前。

季翔教授在《建筑表皮语言》、《建筑·公共艺术》等著作以及长期从事现代建筑、技术与艺术交叉学科研究的基础上，对城市建筑色彩这一课题又做出了有意义的思考与研究。周宣东高级规划师在多年对城市建筑色彩规划与管理工作实践的基础之上，对城市建筑色彩的规划与建设也做出了重要的探索与总结，为之祝贺！

以为序

2015.5.14

目　录

1 城市色彩

美国建筑师沙里宁曾说：让我看一眼你的城市，我就能说出这座城市居民对于文化的追求是什么。我们认识一座城市，除了从它的文化、语言、风俗习惯等方面去感受外，还可以从它的色彩特征去识别，而城市的色彩是人们最先识别的元素之一。城市作为人类文明发展的产物，是人类文明的载体，一个城市的面貌是该地区民族特性和文化风俗最直接的反映，作为城市一部分的“色彩”无疑是能够反映城市信息的重要组成部分。什么是色彩，什么又是城市建筑色彩，这是我们在讨论城市色彩问题之前需要考虑的。《新编现代汉语词典》中将色彩释意为“颜色”，对“颜色”的释意为“由物体发射、反射或透过的光波通过视觉所产生的印象。”《牛津高级英汉双解词典》将色彩解释为“由于反射不同波长的光而使物体具有的可视特征”。由此可见，色彩的内涵很宽广。

我们可以将色彩定义为，具有正常视力的人看周围世界所产生的视觉印象，本书将其称作广义的色彩。通常情况下当我们谈及色彩时，首先想到的是那些高纯度的鲜艳色，这时色彩包含的范围是狭义的。广义的色彩不仅包含狭义的色彩，同时它还包含光影、质感、干湿等诸多感知和体验。我们在这里所指的城市色彩是存在于城市外部空间中的广义色彩，这是视觉所见之整体，包括在场与不在场的存在。

1.1 城市色彩概念

城市的色彩有广义和狭义之分。城市中的所有景物都有色彩，没有任何景物能脱离色彩而存在。广义的城市色彩通常是指城市外部空

图1-1　雅典奥运场馆的长廊、徐州音乐厅
（图片来源：作者拍摄）

间中所有事物视觉色彩的总和。这包括道路、建筑、标牌、植物、车辆、河流、天空、人的服饰、广告等所有能够被视觉感知的景物的色彩。狭义的城市色彩指的是城市中的建筑物、构筑物的色彩。狭义的城市色彩是比较片面的，因为城市的景观是由多种元素组成的，并非只是单一的建筑物，简单地将城市的色彩理解为城市内建筑物和构筑物的色彩是缺乏全面认知的。广义的城市色彩指城市外部空间所有事物的总和，但是那些处于建筑内部以及城市地面之下的色彩是不计入城市色彩范围的。除此之外，那些地面建筑中比较隐蔽的部分，由于不能被视觉所感知，所以这些部分也不计入城市色彩的范围。

对城市色彩的分析和研究可以从城市色彩的载体和城市色彩形成的原因两个方面进行。从构成城市色彩的载体方面划分，城市色彩可以划分为恒定色和非恒定色两类。恒定色的概念是指能够在一段时间内保持相对稳定的色彩，这些恒定色彩构成了城市固定的持久性色彩。城市中的建筑物、雕塑、景观小品等都是恒定色的色彩载体（图 1-1）。

非恒定色彩指的是那些随着时间的推移产生变化的色彩，如车辆、植物、广告、行人等，这些构成了城市的非恒定色。从城市色彩形成的原因角度分析，城市色彩可以分为人工色和自然色两部分。

人工色是指那些由人创造并使用的物体，例如城市中的建筑物、交通道路等，这些都是人工色（图 1-2）。自然色是指裸露在城市中的土壤、湖泊、河流、花草树木、山石等。

1. 城市建筑色彩

色彩是城市景观重要的组成部分，它承载着城市的历史、文化和

图1-2　人工色（图片来源：http：//www.archdaily.com）

美学的信息，在高品质的人居环境建设以及人文环境的保护中发挥着重要作用。城市建筑色彩是城市色彩景观的重要载体，因此，建筑色彩的规划和设计是营造良好城市景观的重要组成部分。

城市建筑色彩是指一个城市所在范围内的所有建筑的色彩，它涉及城市生活的很多方面，包括气候、植被、建筑、历史、文化等因素。这些建筑的色彩主要有商业、居住、办公等色彩。

城市建筑色彩的规划和设计要从视觉、生理、心理等因素来考虑，从中寻找能与人的生理、心理相适应的色彩样式。工业化早期，由于人们缺乏对城市色彩的认识，致使城市出现了很多环境问题。随着环境保护运动的开展和生态思想的普及，人们开始逐渐意识到城市色彩的问题，并且逐渐转变观念，重新修复城市的本来面貌，使城市回到它本应该具有的充满生机与活力的状态。如今城市建筑色彩规划的目标是即通过对城市建筑色彩的控制来弥补高科技发展带给现代城市的冷漠和复杂，使人、自然以及社会之间形成一种和谐的关系。

2. 城市色彩规划

城市色彩规划是指对城市各个构成要素所呈现出来的公共空间相对综合的色彩面貌进行的设计、管理与实施计划[①]。这种计划是建立在符合城市地域、功能、传统、经济、审美等特点的基础上，也是决定城市未来色彩面貌的指导纲领[②]。一个成功的城市色彩规划能使城市的色彩环境有一个可持续发展。

3. 城市色彩设计

城市色彩设计是指对构成城市的各个要素进行相对综合的色彩视觉化创造的过程。与城市色彩设计相比较，城市色彩规划更具宏观性和纲领性，前者更为具体而细致，目的性更为明确，并且始终贯彻于

① 杨曾宪．城市色彩规划设计的意义及原则 [J]. 城市，2004（1）45 ～ 48.

② 崔唯．城市环境色彩规划与设计 [M]. 北京：中国建筑工业出版社，2006，10 ～ 11.

城市色彩规划的纲领下。城市色彩设计涉及的学科较为广泛，不仅包括环境学、生理学、色彩学等相关学科，而且还涉及历史、社会、经济等学科，因此，在进行城市色彩设计时需要综合考虑各方面的因素，否则城市将失去生命力。

4. 城市色彩评价

南加州大学的基尔福特教授提出了“智能结构论”，他认为人类智能在行为表现上可分为五大类，分别是：认识能力、聚敛思考能力、评价思考能力、扩散思考能力和记忆能力。基尔福特教授认为“评价思考能力”是五个能力中最高级的思维活动。他对评价思考能力定义为：评价是指个人或群体依据某种标准对事物所作的价值性的判断或取舍。[①] 因此，我们可以讲城市色彩评价的定义理解为：群体或个人以某种标准对城市色彩景观的价值做出的判断。

1.2 色彩理论基础

城市色彩规划与设计研究是色彩学、城市规划学、城市设计学等学科相互交融渗透产生的新的研究领域。城市色彩规划与设计研究的重要内容之一就是从视觉美学的角度对城市的色彩进行分析与研究，在研究的基础上提出色彩规划与设计。因此，对色彩学的研究就成了城市色彩研究的前提。从理论的层面讲色彩学的体系十分庞大，类别众多，在这里我们只论述与城市色彩研究相关联的部分。

1.2.1 色彩三属性

人们经常用深浅、浓淡、明暗等口头化的词汇来描述色彩。但当人们要根据这种描述准确地细分出它们的差别时却十分困难，为了能

① 陈宇．城市景观的视觉评价 [M]. 南京：东南大学出版社 .2006.10.

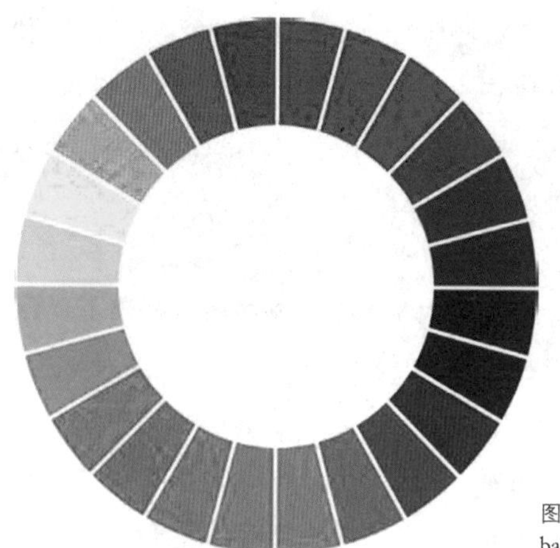

图1-3　色相（图片来源：http://image.baidu.com）

够准确地区分它们的差异性，色彩学家们开始用“属性”来表示色彩，以此区分不同的色彩。德国数学家格拉斯曼于1854年提出了颜色定律，他认为从视觉的角度出发，颜色包含三个要素：色相、明度、彩度，并将这三要素称为色彩的三属性。

色相指的是不同颜色所具有的不同相貌。将具有不同相貌的颜色分别赋予一个名称，这个名称即为色相名，这样便于对色彩的使用和记忆（图1-3）。

明度指的是色彩的明暗程度，对光源来说可以称为光度，明度是所有色彩具有的共同属性。色彩之间的明度差别具体包括两个方面：一是指不同色相的明度差别，如在同等光照条件下，6种标准色的明度各不相同，依次黄、橙、红、绿、蓝、紫；二是指同一色相的深浅变化，如深蓝、浅蓝、天蓝（图1-4）。

彩度是指色彩的饱和度，通常也称纯度。灰、白、黑没有彩度的概念，任何其他色彩加入灰、白、黑都会降低它的纯度。那些完全没有加灰、白、黑的色彩，称之为纯色，他们的彩度也是最高的（图1-5）。

图1-4　明度（图片来源：http://image.baidu.com）

图1-5　纯度（图片来源：http://image.baidu.com）

1.2.2　色彩的对比

当两种或两种以上的色彩并置时就会产生对比效果，没有一种色彩是单独存在的。色彩之间的对比关系在所有的环境和构图中都是客观存在的，只是存在强弱的差异，所以掌握色彩的对比规律，对色彩设计非常重要。色彩对比的基本方式包括色相对比、明度对比、彩度对比。

1. 色相对比

色相对比是将两个不同的颜色并置在一起，形成的对比效果。色相对比的强弱，取决于他们在色相环上的位置，由强到弱可分为邻近对比色、类似对比色、中差对比色、对照对比色、补色对比色五大类。

其实在色相环上 15° 以内的色相之间的对比。因为色相之间差别很小，所以对比效果较弱，容易造成单调、呆板的视觉感受。但是也容易形成统一和谐的视觉效果，体现在建筑上，如阿姆斯特丹老城运河河岸住宅在造型类似的外立面上采用中低明度的中黄色、黄褐色等

图1-6　阿姆斯特丹老城运河河岸
（资料来源：http：//image.baidu.com）

类似色形成统一的主色调（图 1-6）。

类似色相对比是 24 色相环中间隔 30°～60° 左右的色相对比。此时色相对比较小，属于弱对比，容易形成协调统一而又有一定变化的视觉效果，因此类似色相对比在建筑色彩运用广泛。如伊斯坦布尔建筑立面色彩和屋顶色彩大量的类似色相的对比使得整体建筑风格统一（图 1-7）。

对照色相对比是在 24 色相环中间隔 135° 左右的色相对比，此时色相之间差别较大，是色相间的强对比。因为这类色相对比鲜明、强烈，所以在建筑色彩运用中要谨慎（图 1-8）。

互补色对比是指在 24 色相环上间隔在 180° 左右的色相的对比。此时对比最强烈，给人的视觉冲击力最大，容易造成过分刺激的感受，也可以获得明确、强烈、丰富的视觉效果。

图1-7　伊斯坦布尔城市住宅（资料来源：作者拍摄）

图1-8　希腊爱琴海居住建筑
（资料来源：作者拍摄）

2. 明度对比

明度对比是指色彩在明暗程度上的对比，色彩明度的对比还能创造出层次感与空间感。

不同明度对比还能给人带来不同的心理感受：高明度基调通常给人的感觉是明快、靓丽，它在大面积的建筑色彩使用中较为广泛；中明度基调的色彩给人朴素、庄重的感觉；低明度基调的色彩具有浑厚有力的感觉，同时还具有沉重、哀伤的感觉，所以不适宜应用于大面积建筑外立面（图 1-9）。

3. 彩度对比

彩度对比是指比较鲜艳的色彩与较浊的色彩之间的对比。彩度的对比也分为三个级别：低彩度基调是由 1 ~ 3 级的低彩度色彩所组成的基调，容易让人感觉具有明快、干净、朴实的特点，可以用来完成大面积的配色，但是色相对比较弱会产生单调、贫乏的感觉，所以在大面积使用时要注意点缀色的使用。中彩度基调是 4 ~ 5 级的中彩度色彩组成的基调，具有柔和、安静的特点。高彩度基调是由 6 ~ 9 级的高彩度的色彩组成的基调，给人强烈、鲜明、活跃的感觉，

图1-9　明度对比（资料来源：楼盘建筑细部）

图1-10　彩度较高的墙面色彩
（资料来源：http：//www.archdaily.com）

具有很高的注目性，一般出现在大面积的配色中会给人很强的视觉刺激，运用不当会产生低俗、生硬的感觉，所以在运用时要十分慎重（图 1-10）。

1.2.3　色彩与光

色彩从产生到被人的视觉感知的过程都与光有着密切的联系。物理上认为：没有光就没有五彩缤纷的世界，色彩是光的一种表现形式。在牛顿三棱镜实验中，光被分解出七种有色光，这是太阳上放射出的电磁波的光谱部分，物理上将其称之为可视光，这些光的波长大致在 380 ~ 780nm 范围内。在自然界中，物体对光的波长都会有条件地进行吸收、反射、透射，但也因其物理属性的不同而各有不同。人类能感知到缤纷绚丽的世界也是光经过物体的反射进入人的视网膜后，引起视觉中枢感知的结果。

1.2.4 色彩与生理

色彩与生理有着密切的联系，不同的颜色对人的生理会产生不同的影响。波长长、彩度高的色彩通常会引起人们高度的兴奋，对人的生理有强烈的刺激。波长短、彩度低的色彩则会产生相对温和的刺激，使人趋于平和。

颜色搭配的不同也会产生不同的效果，不调和的配色容易引起精神上的烦躁，使人容易疲劳和紧张，严重的可能引发疾病；相反，那些优美调和的配色则更容易使人精神愉悦，缓解身心的紧张与疲劳。法国心理学家弗艾雷在试验中发现：在彩色灯光的照射下，血液循环加快，其增加程度以蓝色为最小，并依次按照绿、黄、橘黄、红的排列顺序逐渐增大①。心理学家古尔德斯坦在治疗精神病人的过程中也得出了相似的结论。他在治疗过程中发现那些因患大脑疾病而失去平衡感的病人在穿上红色衣服时会头晕目眩，但换上绿色的衣服时，晕眩的症状就消失了。古尔德斯坦在经过反复的观察和试验后认为：波长较长的色彩会引起扩张性的反应，波长较短的色彩会引起收缩性的反应，在不同色彩的刺激下，机体或是向内收缩，或是向外扩张。古尔德斯坦的理论从生理的角度，对色彩所带来的生理上的收缩与膨胀感做出了解释。

关于色彩的冷暖之分的研究，生理学家们从生理学的角度提出假设，他们认为色彩产生冷暖的感觉可能是由于特定的波长的光在大脑神经中产生的刺激在强度和结构上与温度产生的刺激有着同形同构的关系。由此可见，色彩与我们的生理有着密切的联系，那些在我们看似感性的色彩现象其实却与人的生理息息相关。

---

① 李荣启．简论色彩的表现性及其心理机制 [J]. 美与时代，2003（10）.

1.2.5 色彩与心理

1. 色彩的情感特征

色彩本身是一种物理现象，它是没有性格特征的。由于人们长期生活在色彩的世界中，通过与色彩的接触，积累了丰富的视觉经验，当这些经验与外来的色彩刺激产生共鸣时，就会在人们的心理上引发某些特殊的联想，因此当人们观察色彩时能够感受到色彩具有丰富的情感特征。

阿恩海姆指出："说到表情作用，色彩却又胜过形状一筹，那落日的余晖以及地中海的碧蓝色彩所传达的表情，恐怕是任何确定的形状也望尘莫及的"。[①]

不管是无彩色还是有彩色，他们都有着自身特有的情感特征，无论何种颜色，当它的色相、明度、纯度产生不同的搭配关系时，它的情感特征就会随之发生改变。因此，当我们想要对所有颜色的情感特征进行描述时就非常困难，但是对一些较为标准的色彩加以描绘却是有必要而且是可行的。以红、橙、黄、绿、蓝、紫、黑、白、灰这 9 种基本色彩为例，从联想以及象征的角度对这 9 种色彩的特点进行了描述，从这些描述中我们可以看出它们各自所具有的情感特征（表 1-1）。

色彩的联想与象征意义 **表 1-1**

色彩	联想	象征
红	玫瑰花、火焰、红旗、血液、红苹果等	活泼、喜悦、热情、奔放、积极、活力、爱情、革命、冲动
橙	橙子、土壤、橘子、沙子、牛皮纸、晚霞等	温馨、欢乐、积极、活泼
黄	油菜花、月亮、五角星、向日葵、黄鹂鸟等	光明、智慧、希望、快乐、生命
绿	树叶、草地、翡翠、湖水、苔藓、绿豆等	生命、青春、生长、希望、希望、和平、宁静

① 鲁道夫·阿恩海姆著．滕守尧，朱疆源译．艺术与视知觉 [M]. 北京：中国社会科学出版社，1984.

续表

色彩	联想	象征
蓝	天空、海洋、蓝宝石、宇宙等	广阔、沉静、深邃、悠远、宁静、自由、神秘
紫	薰衣草、紫藤花、葡萄、丁香等	浪漫、高雅、神秘
黑	黑夜、山洞、黑熊、乌鸦、吸血鬼等	恐惧、压抑、悲观、绝望、寂静
白	云朵、天使、百合花、牛奶、兔子等	希望、纯洁、可爱、纯真
灰	水泥、大楼、道路、监狱、青砖、岩石等	平凡、生硬、平庸

2. 色彩的情感特征

色彩能够引起多种感觉，在这些感觉中冷暖感、软硬感、轻重感、空间感、大小感与城市色彩的关系最为密切。

（1）冷暖感

冷暖感在色彩的各种感觉中是最重要的，一般情况下当我们见到红、黄、橙等的颜色时，我们通常会联想到光、火焰的景象以及热的感觉，这些色彩带给我们温暖的感觉，因此通常将这些颜色称之为暖色。当我们看到蓝、蓝绿等颜色时，通常会联想到天空、水、冰等景象以及寒冷的感觉，因此通常将能引起这些联想的色彩称之为冷色。像紫、绿等那些没有明显的冷暖倾向的色彩，他们的色彩倾向与所处的环境有很大关系，当它们处在冷色系中就会呈现出暖色的感觉，当它们处在暖色系中时就会呈现出冷色的感觉，因此我们将这些冷暖倾向不明显的颜色命名为中间色（图 1-11）。

（2）空间感

色彩的空间感通常指的是色彩所具有的前进和后退感。一般来说，暖色通常能让人感觉到大空间和近距离，光亮度高的白色也具有这样的特性。包括白色在内的这些暖色都会使人感到空间的扩大，颜色的扩散。与暖色正好相反，冷色则会使人产生后退、伸缩的感觉。

图1-11　色彩的冷暖感（资料来源：http://image.baidu.com）

对于冷暖色所具有的不同特性，我们可以将其运用到我们的生活和工作环境中。以我们日常生活中所见到的交通信号灯为例，我们将红灯作为停止的信号，将黄灯作为危险的信号，将绿灯作为通行的信号，都是利用了这些色彩所具有的扩散特性（图 1-12）。

（3）色彩的轻重感

色彩的轻重感是指物体色与视觉的经验相互作用形成的重量感作用于人心理的结果。色彩的轻重感与明度有着很大的关系：明度越低的色彩，给人的感觉也就越重，如深蓝色、深绿色、黑色等低明度色；明度越高的色彩，给人的感觉就越轻盈，例如白色、黄色等高明度色（图 1-13）。

图1-12　色彩的收缩、扩散作用（资料来源：http://image.baidu.com）

图1-13　色彩的轻重感对比（资料来源：http://image.baidu.com）

（4）色彩的软硬感

色彩的软硬感与色彩的轻重感是密切联系的，那些感觉重的色彩通常会给人坚硬的感觉，而那些感觉轻的色彩通常会给人松软的感觉。

色彩除了上面所述几种感觉外，还有兴奋感，这包括兴奋或抑郁的感觉。这对城市色彩设计同样具有重要影响。在英国有这样一个关于色彩兴奋感应用的例子，在英国曾经有一座黑色的桥，每年这座桥上都会有很多人自杀，后来当局把这座桥刷成了天蓝色，之后来这座桥自杀的人明显减少了，再到后来这座桥又被刷成了粉红色，从此之后来这里自杀的人就没有了。

设计师学习和掌握人们对色彩共有的心理联想，对设计实践活动具有重要的指导意义。设计师只有掌握了公众对于色彩的共有心理反应，才能营造出符合环境所需的、健康的城市环境（图 1-14）。

图1-14　色彩的软硬感对比
（资料来源：http://image.baidu.com）

1.2.6 色彩与审美

1. 人类色彩审美意识的萌芽与发展

恩格斯在《劳动在从猿到人的转变过程中的作用》一书中提到："劳动是整个人类社会生活的第一个基本条件，而且达到这样的程度，以致我们在某种意义上不得不说是劳动创造了人本身。"[①] 人类开始进行生产劳动活动，使人与动物逐渐开始区分开来，在劳动的过程中，审美意识也逐渐开始形成。人类约在 20 万年前的冰河时期，学会了使用颜色。当时色彩的运用主要是使用有色土涂染劳动工具，涂抹自己的身体，原始人类将红色视为生命的象征。在考古发掘的原始人遗址中，出土了与遗物埋在一起的涂成了红色的骨器遗物，这充分说明了当时的人类已经开始在劳动中用色彩来表达自己的情感。

在欧洲出土的旧石器时代的绘画作品大都绘制在洞穴的石壁之上，这些绘画的内容大都是当时人们狩猎的场景，绘画中出现了大量的动物形象，如牛、鹿等，这些绘画生动地展现出了当时人们的狩猎场景，是当时人们审美意识的一种反映，具有很高的艺术价值和历史价值（图 1-15）。

这些绘画作品大多为红、黄、褐、黑等颜色，经检测这些绘画颜料用的是动物的血液和脂肪混合调和的天然颜料。西班牙阿尔塔米拉洞穴画《受伤的野牛》，颜色以黑色和朱红为主，以黄色和暗紫色为辅助颜色。法国拉斯科洞穴发现的壁画《野牛图》是用多层次的色彩描绘出的野牛的体积感。在我国山顶洞人的考古发掘中，考古学家们发现了用红色染的动物骨制品和用不同颜色牙、骨、砾石穿成的项链。在这些项链的绳子上和装饰品的小孔中发现了侵染的红色，这说明我们的祖先在很久以前就开始注重颜色的运用。

---

① 马克思·恩格斯．马克思恩格斯选集 [C]. 第 3 卷．北京：人民出版社 ,1963.508.

图1-15　史前壁画（图片来源：http://images.google.cn）

中国的彩陶文化具有悠久历史，随后出土的彩陶在美学史上具有重要意义。彩陶以及各式各样的印纹陶的出现，不仅是物质生活水平提高的表现，同时也是精神文化需求提高的表现。随着生产力的进一步提高，阶级产生了，色彩也逐渐被赋予了阶级的性质，为统治阶级、宗教服务，并在不断发展中制度化了。例如在古希腊神殿中的色彩，这些色彩表现出了浓厚的宗教意味，具有特殊的象征意义：红色象征着火，蓝色象征着大地，绿色象征着水，紫色象征着空气；在古罗马共和国末期，紫色是统治者阶级意识的表现，这一时期人们的服装也被规定了颜色，不同的职业拥有固定的颜色：医生的服装是绿色，哲学家的服装是紫色，占卜者的服装是白色，平民的服装是土色。

中国同样也对色彩有着自己的认识。中国古代的道家学说根据相生相克的五行学说理论，推演出地分五色的内容。在阴阳五行学说中，古人将五行与五音相配，五色与五方相配，将空间、时间与色彩审美意识联系起来。与道家不同，儒家是入世的哲学，而儒家这种入世学说与中国文化的交融又使得色彩应用呈现出明显的次序性、等级性特征，形成了中国传统的色彩观。中国这种传统色彩观在建筑中的应有

五行理论 表 1-2

五色	五行	五方	五音	季节	象征
青色	木	东	角	春	青龙
赤色	火	南	微	夏	朱雀
黄色	土	中	宫	长夏	勾腾
白色	金	西	商	秋	白虎
黑色	水	北	羽	冬	玄武

尤为明显，现存较为完整的故宫建筑就具有明显的等级观念，故宫运用红、黄等色彩，而平民只能用青灰等的色彩，色彩被人为地加以主观的意念（表 1-2）。

欧洲文艺复兴运动的兴起促进了色彩学科的发展，色彩科学的发展为环境色彩、建筑色彩开拓了新的思路。这一时期建造的法国凡尔赛宫就是色彩运用的典范。凡尔赛宫是典型的巴洛克建筑，镜厅是凡尔赛宫的主要大厅，镜厅内的贴面由白色和淡紫色大理石装饰，镜厅内的壁柱用绿色大理石做成（图 1-16）。宫殿中使用了大量的金银装饰的家具、壁画、壁挂织锦等，这些带有金银色的装饰组合在一起，使室内充满典雅与高贵的色彩美感，使镜厅闪烁着夺目的光彩。

从开始对色彩感性的认识到王权统治、宗教法规对色彩的等级划分，再到文艺复兴时期色彩科学的产生，人类对色彩的认识经历了从漫长的历程，直至 20 世纪，随着科学技术的发展，人类对色彩的认识不断深入，霓虹灯、彩电的相继发明，“色彩调节”的理论也出现了。从“色彩调节”理论我们可以看出生产力水平高低，科学技术的进步程度，以及宗教信仰、风俗习惯等因素对色彩观念的产生和发展产生了重要影响。

由此我们可以看出，理性的文化传统决定了审美要素的重要地位，

图1-16凡尔赛宫镜厅
（资料来源：http://images.google.cn）

色彩的审美价值并不以感官愉悦为唯一标准，这就要求人们在进行色彩的实际运用时不是只从个人的喜好出发做出决策，而应充分考虑传统文化的因素。

2. 色彩的审美习惯与偏好

审美习惯是指人对审美对象自觉地进行审美欣赏的特殊倾向。集体审美观念是对审美习惯的形成有重要影响。生活在不同自然环境、不同民族、不同风俗文化习惯背景下的人会产生不同的色彩审美习惯。

不同城市的整体环境因为融合不同的人文、气候、历史等因素才形成了具有地域性的城市色彩特征。

从自然气候方面考虑，不同地区由于地理纬度的不同，日照的强度和时间产生了差异性，这种差异性产生了不同的用色偏好。那些生活在日照充足地区的人们更为喜好鲜艳强烈、彩度高的色彩（图1-17），但在这些地区的室内用色，却喜好运用冷色系的色彩，通过室内外冷

图1-17　光照充足地区建筑色彩
（资料来源： http://images.google.cn）

暖色彩的对比达到色彩均衡的视觉效果。

与日照充足、日照时间长地区人们喜好热烈的、高彩度的色彩不同，那些生活在日照时间较短、光亮不充足地区的人们则普遍喜好低彩度、色彩偏中性的混合色，在这些地区的城市，通常会运用黑、白、灰系列的明度对比来体现当地的地域特征（图 1-18）。

图1-18　气候湿润地区建筑色彩
（资料来源：作者自摄）

从民族的角度考虑，民族与民族由于在政治、经济、文化等方面存在差异性，因此在色彩偏好方面也有着差异。德国人喜爱偏紫的或淡粉红、粉红色；信奉伊斯兰教的国家喜欢绿色，绿色被誉为生命之色;法国人喜欢红、白、蓝三色，这也是法国国旗的颜色;日本人爱白、鲜明的蓝和浅蓝;美国人爱鲜红、鲜蓝、褐色;在我国，我们则喜爱红色，因为它是为喜庆、热烈、幸福的象征。

3. 色彩审美设计的形式美法则

“形式美”指的是自然以及人类社会中各种形式因素有规律的组合，这些因素包括色彩、声音、线条等。色彩是美感最普及的形式，是形式美最重要的因素。从审美的角度上出发，特定的色彩搭配和组合是色彩的审美价值主要表现。

科学研究发现，人类的眼睛可以识别大约 700 万种色彩，人类是如何在 700 万的色彩中选择适合的色彩，成了需要研究的课题。人类在色彩运用的实践中，经过不断地实践得出了一些得到普遍认可，并且在实际应用中具有普遍适用性的色彩美感形式法则。这些法则为色彩在实践中的运用提供了依据。

（1）对称均衡

“对称”是最基本的均衡形式，可以解释为以一条线为中轴，中轴两侧均等。从整体而言，“对称”有时也会出现差异，但这种差异从整体而言的，差异仍然会相对地保持一致，因此，人在心理上仍然会产生一种相对的均衡感。

色彩造型方面的对称均衡是指各种要素在视觉上产生相对稳定的构图形式。通常情况下对称均衡的色彩设计具有稳定、安静的特性，给人以平和而安宁的感觉。色彩这种对称均衡的形式美法则与人在视觉上寻求平衡的心理状态有关，即寻求平衡色的体积、形态、配置等之间的关系。

歌德对不同色相间的比例关系曾提出色彩的“平衡理论”，

歌德提出了各色彩间和谐面积比为：黄：橙：红：紫：蓝：绿=3：4：6：9：8：60。

蒙塞尔在歌德理论的基础上研究了色彩的明度和彩度，提出了更为科学的色彩平衡公式：

$$\frac{A\text{色面积}}{B\text{色面积}}=\frac{B\text{色明度}\times\text{彩度}}{A\text{色明度}\times\text{彩度}}$$

（2）色彩的对比调和

色彩的对比与调和是矛盾的两状态。对比的意思是指在差异中寻求于“异”（对立），调和的意思是指在差异中寻求于“同”（一致）。在美学中，对比表现着对两个或两个以上部分之间关系的相互制约，而调和则是指各种对立因素之间的统一。对比与调和在色彩的设计中发挥着重要的作用，运用对比的手法能产生活泼、生动的效果；运用调和的手法则能产生稳定、协调的效果。同对称平衡一样，对比调和与人的生理与心理同样有着内在的联系，因此，当我们在进行色彩审美设计时，要从人的角度出发，以人为中心，将设计做得尽可能地人性化，这样才能满足人心理与生理平衡的需要（图 1-19）。

图1-19　色彩的调和（资料来源：http://images.google.cn）

（3）节奏韵律

节奏韵律是音乐的术语，是用来形容音响运动的轻重缓急。著名音乐指挥家马利翁曾就音乐与色彩的问题提出“音乐是听得见的色彩，而色彩是看得见的音乐”的精辟解释。著名印象派画家高更曾说：“和谐的色彩与和谐的音响是一致的”。节奏由两种重要的关系构成，一是力的关系，一是时间关系。前者指的是强弱的变化，在色彩设计上的表现就是和谐的秩序感，这种秩序感体现出有规律的反复。后者指的是运动过程，在色彩运用上表现为流动感，流动感体现出活力与运动。

不同的色彩构成能够形成不同的节奏韵律。色彩的节奏指的是颜色的排列在视觉上引起连续规律变化运动形式。色彩的寒暖感、强弱感、轻重感会产生方向性和顿挫感，由此可以形成有节奏规律性的重叠和反复。总之，具有连续性、间断性的色彩能给人以美的享受（图 1-20）。

（4）多样统一

多样统一，即和谐。“统一”体现了不同事物之间的共性或整体性，“多样”则体现了不同事物之间个性的不同，德国美学家费肖尔认为“美”是对立或统一的调和，人的心灵在向某种秩序或统一的无意识的移入过程中，可以达到和谐的境地。对于色彩而言，通过不同色彩之间关系的合理安排、合理配置可以达到色彩的和谐。“多样”表现了色彩的差异，使色彩变化丰富多样。“统一”可以消除色彩的对立成分，使其融合为和谐的整体。

色彩的和谐是形式美和内容美在统一的基础上提高到精神美的境界。人类对和谐的色彩的需要，受到国家、民族、文化、经济等因素的制约，这提醒我们在进行色彩设计时要充分考虑用途与心理、色彩与环境之间的关系（图 1-21）。

图1-20 色彩的节奏和韵律
（资料来源：作者拍摄）

图1-21　西交利物浦校园建筑
（资料来源：苏州市设计研究院设计）

上面提到的关于形式美的四个法则，在实际的色彩设计中是相互联系的，这些形式美的法则也并非是一成不变的，这些法则会随着社会的发展、时代的进步以及人们审美习惯的变化而不断发展，因此设计师在进行色彩设计时应该灵活运用各种形式美的法则，将理论与实践相结合，只有这样才能创造出丰富多彩的色彩形态。

1.2.7 蒙塞尔色彩体系

1. 蒙塞尔色彩

科学、合理、易于操作的色彩体系便于进行城市色彩的规划。在本次的城市色彩研究中，将运用国际通用色彩标准体系——蒙塞尔色彩体系来进行研究，这样可以避免因感性而产生偏差，也可将城市色彩的管理纳入科学标准的发展轨道。

蒙塞尔色彩系统是由美国画家蒙塞尔在 1905 年发表的色彩表示体系。蒙塞尔通过色票集的方式将自己关于色彩标准的想法标准化了。蒙塞尔色彩体系于 1929 年首次发行，经由测色委员会进行科学评估后于 1943 年再次发行，现在广泛运用的蒙塞尔色彩系统就是经过修订后的版本。

如今，蒙塞尔色彩系统在城市规划、建筑设计、工业设计等领域得到了广泛推广和应用。蒙塞尔色彩体系运用三种属性来规范和表示色彩，即色相、纯度、明度。运用这三种属性便于色彩的管理和色彩记录的制作，同时能够详细表达专门领域的色彩等。前文中对色相、纯度、明度等色彩的特性进行了大致的介绍，下文将在蒙塞尔色彩系统的范围内对色彩进行详细论述。

（1）色相（Hue）

色相是指色彩的基本相貌和属性，符号表示为“H”。色相的种类多达 3 万种，但是人类能够辨别出的却是有限的。蒙塞尔色彩体系规定了 10 个基本色相，分别为 R（红）、YR（橙）、Y（黄）、GY（黄绿）、G（绿）、BG（蓝绿）、B（蓝色）、PB（蓝紫）、P（紫）、RP（紫红），每个色相又分成 10 个等分以扩大表示，总计 100 个色相。

（2）明度（Value）

“明度”是指色彩的深浅和明暗程度，以理论上的绝对黑和绝对白为基准给予划分。物体明度不完全是因为自身对光的吸收和反射不同而造成的，色彩中的黑白两色成分的多少也会影响色彩的明度，黑色的成分越高，色彩的明度也就越低；白色的成分越高，色彩的明度也就越高。

蒙塞尔色彩体系将明度分为 11 个等级，0 代表理论上的绝对黑色，10 代表理论上的绝对白色，从 0 到 10，数值越高，明度越高，色彩也越明亮。

（3）纯度（Chroma）

前文中提到“纯度”是指颜色的浓淡程度，符号表示为“C”，纯度也称作饱和度或彩度。影响色彩纯度的主要因素是色彩中的有色成分，有色成分所占比例越高，色彩的纯度也就越高，反之亦然。

纯度的数值与色彩的鲜艳度成正比关系，因此高纯度的色彩，指的就是鲜艳度高的色彩，而低纯度的色彩，也就是鲜艳度低的色彩，也就是指灰浊的色彩。

2. 蒙塞尔色相环

蒙塞尔色相环由红、黄、蓝、绿、紫 5 种基础色经过混合后产生橙、黄绿、蓝绿、蓝紫、紫红 5 色，将这些色彩按照光谱的排列方式进行首尾相连形成的环形称为色相环（图 1-22）。

3. 蒙赛尔色立体

色立体是由色相、明度、纯度的有序交错构成的一个立体，简称为色立体。色立体的横轴表示纯度，从图中可以看出，纯度的阶段离明度轴越远，色彩纯度就越高，纯度的阶段离明度轴越近，则色彩纯

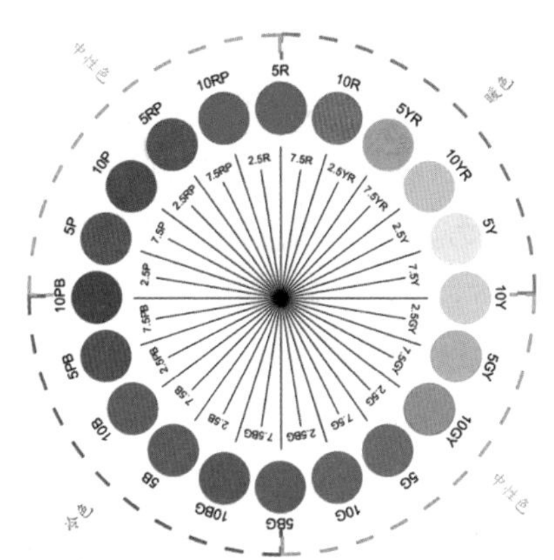

图1-22　蒙塞尔色相环（资料来源：《蒙塞尔颜色图册》）

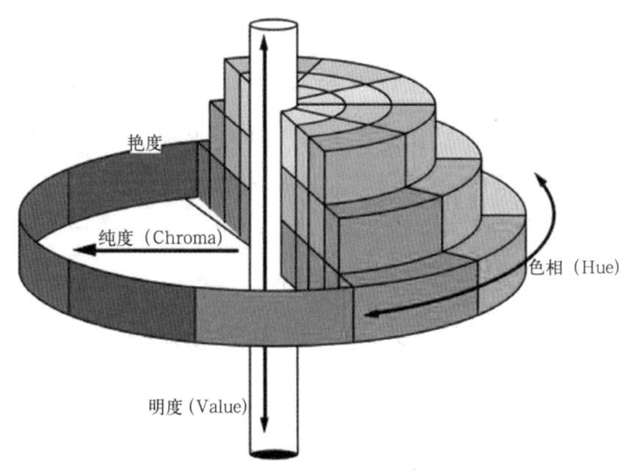

图1-23　蒙塞尔色立体（资料来源：《蒙塞尔颜色图册》）

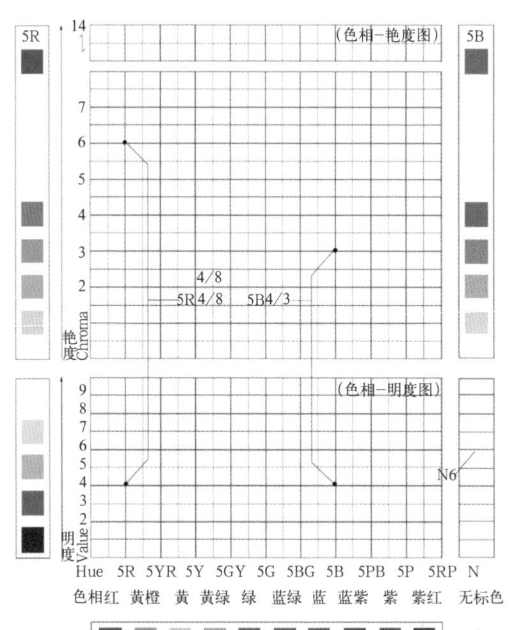

图1-24　蒙塞尔色度图
（资料来源：《蒙塞尔颜色图册》）

度就越低；纵轴表示明度，从下向上为依次为低明度、中明度、高明度，用数字表示，数值越大，色彩也就越明亮。色立体的外边缘的色彩都属于纯色（图1-23）。

4. 蒙赛尔色度图

蒙塞尔色度图是根据色彩的三属性色相、明度、纯度建立的坐标系。蒙塞尔色度图由两部分组成，蒙塞尔色度图中上半部分表示纯度阶段数值，下半部分表示明度阶段数值。通过色度图的表示，可以清晰地将色彩的三属性在同一平面表现出来。

运用蒙塞尔色度图可以清楚地将现场测色所得到的色彩数据准确地标注出来，可清楚得看出此区域色彩的倾向和分布状况（图1-24）。

1.2.8　色彩地理学

20 世纪 70 年代保护人文环境和色彩自然环境的观念逐渐引起了越来越多的关注。郎克洛最先提出了“色彩地理学”的概念，他认为：一个城市或地区的建筑色彩因其所在地区在地理位置的不同而不同，所在地理位置中影响色彩的因素既有自然地理条件的因素，又有人文社会方面的因素，因此，一个城市或地区的建筑的色彩是在自然地理和人文地理两方面的因素共同影响下产生的。

1. 自然地理与色彩

自然地理环境对城市色彩的影响主要体现在两个方面，一是所在地区的气候，一是所在地区的材料。前者对色彩的影响体现在对冷暖色彩的选择上。那些生活在热带地区的人们易于接受冷色系的色彩，生活在寒冷地区的人们则容易接受暖色系的色彩。

湿度、温度等的因素也会对色彩的形成产生影响。湿度会影响所在地区的大气透明度和光照度，因此在那些多云雨和雾气的地区，人们则更喜欢色相艳丽、高纯度、高明度的色彩。所在地区的自然材料会影响当地的色彩，这些地方材料的颜色也是人们熟悉和喜好的色彩。

2. 人文地理与色彩

不同国家，不同地区的风俗文化、思想观念等人文因素也会形成不同的色彩判断标准和用色习惯。不同国家的人对色彩的喜好有一定的倾向性，表 1-3 为一部分国家对色彩喜好的概括。

不同国家的色彩喜好表　　　　**表 1-3**

国家	色彩喜好
美国	浅黄、明灰、明蓝
法国	黑、白、灰、红、蓝、绿
德国	黑、白、天蓝、咖啡、浅蓝
中国	红、黄、蓝、天蓝、浅蓝
菲律宾	红、蓝、绿
埃及	绿、红、黑、蓝、紫

一个国家内，不同地区、不同民族对色彩的喜好也有不同。我国是一个多民族国家，每个民族都有自己喜好的色彩。表 1-4 为我国部分民族对色彩喜好的概括。

中国几个主要民族对色彩的喜好表　　表 1-4

民族	色彩喜好
汉族	大红、大绿、群青、翠绿、金银色
蒙古族	橘黄、蓝、翠绿、紫红
回族	黑、白、蓝、红、绿、黄、土黄
藏族	白、黑、红、橘黄、紫、深褐、绿
白族	白、绿、蓝
羌族	白、红、青、蓝
彝族	黑、蓝、红、黄、深蓝、绿
壮族	天蓝、翠绿、群青、深蓝
傣族	白、翠绿、群青、深蓝
苗族	墨绿、深蓝、群青、褐、银色、浅蓝、青
瑶族	红、深蓝、银色、白、青、紫、黑、黄、绿
侗族	青、紫、蓝、白、浅蓝、银色
布依族	青、紫、蓝、白、浅蓝、银色
水族	青、白、蓝、深蓝、浅蓝、绿、灰
黎族	红、黄、白、银色、金黄、青、深蓝
土家族	青、紫、红、黄、绿、白、深蓝、黑、天蓝、粉红
满族	黄、紫、红、青、蓝
维吾尔	红、绿、粉红、玫瑰红、紫红、清、白
哈萨克	红、绿、黑、白、蓝、青、天

1.3 城市色彩的构成分析

构成城市色彩的要素主要有建筑色彩、园林色彩、公共设施色彩等几个方面。不同的建筑形式、环境结构和公共空间中的色彩都对城市整体环境的塑造起到了不容忽视的作用。

1.3.1 建筑色彩

色彩的理论认为，在画面中占 70% 以上面积的色彩能够称为主色，建筑是城市最主要的组成部分，它的色彩在城市色彩中起主导作用，占主导地位，同时建筑也是可以通过人工进行控制的最重要的城市元素。

色彩是表达感情最重要的工具，不同色彩都能够引起肉体和心灵上不同的反应。色彩对情绪体验有放大作用，这种情绪体验可能是积极的，也可能是消极的，这取决于色彩的应用。因此，建筑在运用色彩时，两者传达的信息必须一致，只有这样才能在视觉和情绪上达到和谐。

纵观这 100 年来人类在建筑领域的不断实践，我们不难发现很多人类的建筑作品都在诠释着色彩与建筑的结合。在这些数不胜数的建筑作品中，有一部分作品成为其中的经典之作。

勒•柯布西耶所设计的巴西学生公寓是将色彩与建筑结合起来的典范（图 1-25）。学生公寓的阳台是均匀布置的凹阳台及其分割栏板。勒•柯布西耶在阳台的内侧设计了不同色相、不同明度的颜色。绿色、红色的墙面使阳台显得更宽阔，黑色的顶棚则使阳台看起来更深远。

高技派建筑大师伦佐•皮亚诺也曾将色彩很好地运用到自己的作品上。1976 年，皮亚诺设计的蓬皮杜国家艺术与文化中心，是建筑与色彩有机结合的经典作品，该作品也成为皮亚诺的代表作品。蓬皮杜

图1-25　巴西学生公寓（资料来源：www.hudong.com）

艺术与文化中心的设计打破了人们对建筑的认识，蓬皮杜艺术中心没有完全以营造安静、雅致的传统文化建筑为目的，而是以充分展现“高度工业技术”为目的，该中心将色彩与建筑很好地结合在了一起，这也使得建筑本身契合了建筑内部展出的现代艺术作品。建筑的管线上分别涂刷了红色、黄色、绿色、蓝色，这些颜色分别代表了供电、供水、空调等不同功能。蓬皮杜艺术中心的色彩运用既表达了建筑应有的艺术性，又充分体现建筑逻辑性，同时也表明了色彩应用在建筑上的重要性（图 1-26）。

建筑色彩包括建筑本身及其附属设施外观色彩的总和，具体包括建筑外墙身、屋顶以及其周边环境色彩等。

1. 建筑外墙色彩

建筑外墙色彩是建筑色彩最重要的组成部分，也是城市色彩最直接的体现。现代城市建筑的色彩，被各种灰色所占据。除了灰色，那些明度高、纯度高的建筑色彩也屡见不鲜（图 1-27）。

图1-26　蓬皮杜艺术中心
（资料来源：www.hudong.com）

图1-27　建筑外墙色彩
（资料来源：作者自摄）

心理学的调查显示，过于灰暗的色彩容易让人产生压抑的感觉，根据调查粉红色是最容易让人产生焦躁情绪的颜色。

随着城市化速度的日益加快，很多建筑为了标新立异，往往在建筑立面上选用高纯度、高明度的色彩，这导致了城市色彩环境的混乱。越来越多的城市在发展的过程中也逐渐认识到了这个问题，并且开始制定符合自身发展的城市色彩系统规范。

武汉是国内较早制定城市色彩规范的城市，武汉市于 2003 年颁布了《武汉市城市色彩技术导则》，并于当年 12 月开始实施。导则内规定:“区内的城市建筑色彩要求具备与自身功能、形式、体量相协调，建筑色调原则上不得采用大面积高纯度的原色和深灰色，如红、黑、绿、蓝、橙、黄等，更不允许高纯度搭配的外观色彩（城市特殊需要警戒和标识的构筑物除外）”。

2. 建筑屋顶色彩

建筑屋顶是城市景观的第五空间，随着人们对周边自身生活环境品质要求的逐步提高，屋顶的再设计与改造日益受到人们的重视。

屋顶设计是建筑外观设计的重要组成部分，是鸟瞰城市色彩的重要组成部分。屋顶的造型及其颜色通常是建筑最引人注目的部分，因此屋顶是城市色彩的重要标志。例如都灵沉稳的咖啡色屋顶、希腊宁静的蓝色屋顶以及我国徽派建筑深邃的黑灰色屋顶等，这些屋顶都是地区特征的重要标志。因此我们在进行屋顶色彩的设计时应该谨慎选取适合所在地区的色彩。因此,我们有理由相信,未来我国城市色彩一定会更具光彩。

3. 建筑周边环境色彩

建筑自身是一个单体，但它必须考虑与其周边环境的关系，如果只考虑建筑本身色彩，而不考虑与周边色彩的协调关系，这样的考虑往往只会是徒劳的。

澳大利亚对于建筑和建筑周边色彩的关系有了明确的规定：每三栋相邻建筑必须保持同一样式、同一色调，这样的规定使得城市的色彩既统一又丰富。

与澳大利亚的一些城市相比，我国很多城市的色彩却显得杂乱无章，我国很多建筑在建造之前虽然也规定了建筑的色彩，但这样的规定往往只是以自身建筑出发，没有考虑周边环境的色彩，同时也由于缺乏相应的城市色彩总体规划，导致整个城市像是一场化装舞会。

1.3.2 景观色彩

园林景观色彩是园林景观中所有要素共同形成的相对概括的、综合的面貌，是人的视觉对园林景观整体的意向。园林景观的色彩主要由园中植物的色彩组成，因此园林景观的色彩以绿色为主基调，加上花、建筑等其他要素共同构成了园林景观的色彩。

1. 花色

花色是园林景观色彩的重要组成部分，合理的花色搭配增添了园林景观的活力和生机。园林景观中有着众多的植物花色，尤以草本植物的花色为主，由于其种类和数量的众多，所以在开花时为园林景观色彩增添了生机（图 1-28）。

图1-28 景观花色
（资料来源：http://images.google.cn）

花卉的颜色多种多样，如同绘画用的调色板一样绚丽多彩。园林花卉中常用的红色花卉如玫瑰、一串红、月季；黄色的如黄菊、迎春花；橙色的如寿菊、金盏菊等。

园林的设计中通常运用不同颜色的花卉来营造特殊的视觉效果和景观空间。如把冷色调的植物群落作为前景花卉的背景，运用这样的手法可以增加视觉上的宽度感和花卉的深度感；在较小的空间中运用冷色调的花卉组合可以在心理上起到扩大空间的作用。

2. 叶色

植物色彩的主要方面就是叶色。叶色变化是植物色彩的主要方面。大部分的植物会在不同的季节展现出不同的叶色。许多春色叶植物会在春季呈现出黄绿、嫩紫等叶色，例如垂柳、悬铃木等植物的叶色。那些常绿植物在春节新叶生长时会呈现或黄或红的覆冠，例如石楠、香樟、桂花等植物。秋色叶植物是园林中秋季最主要的装扮素材。秋叶植物的颜色主要有红色和黄色两种（图 1-29）。

图1-29　景观叶色（1）

图1-29 景观叶色（2）（资料来源：http://images.google.cn）

人们最长用的红叶植物有枫项、漆树、柿树、五角枫等，最常用的黄叶植物有银杏、鹅掌楸、水杉、无患子等。

3.果色

苏轼曾用“一点黄金铸秋橘”来形容秋橘的果实如同黄金一样绚丽，这也正说明了植物果实色彩的观赏性。

在很多园林中常以某种植物作为某个小院的名字，例如苏州的拙政园，在拙政园中有一个种植了枇杷树的小院，称为枇杷园。枇杷园每到果实成熟季节，满园呈现金黄色。

植物的果实大部分是呈红色的，如海棠、石榴、水枸子、山楂等，也有呈黄色、蓝色、黑色的。黄色的如银杏、梅、杏等;蓝色的如葡萄、李等；黑色的如刺楸、鼠李、金银花等。

4. 干色

园林中除了植物的叶、花、果等具有观赏价值外，植物的干也具有观赏价值，这种观赏价值在北方体现得尤为明显，北方的冬季，当叶子落尽时，树干的颜色在白雪的映衬下会呈现独特的视觉效果。通常情况下树干的颜色为褐色，只有少部分的树呈现鲜明的颜色：如红褐色枝干的马尾松、山桃、杉木；绿色枝干的竹、梧桐等；白色枝干的毛白杨、白皮松、白桦等。

1.3.3 公共设施色彩

公共设施通常是指在露天公共场所为公众提供免费服务的设施。通常这些设施属于社会公共资本财产范畴。城市的公共设施水平，一方面可以反映城市的基础设施建设规模，另一方面也显示了居民的生活水平和生活质量[①]（图 1-30）。

公共设施主要有以下两个方面的内容：

1. 商业设施

商业设施：书报亭、售货亭、电话亭等。

电话亭、售货亭等设施作为城市公共设施的一部分，虽然体量和数量不多，但他们的色彩却是城市整体色彩设计的点睛之比，也是城市色彩表现最为微妙的地方，这些商业设施的色彩应该从功能的角度出发进行设计，同时需要符合人们近距离观察的需要。

2. 休闲观赏设施

休闲观赏设施：景观小品、街头雕塑、花坛等。

休闲观赏设施是公众服务设施的重要组成部分，它具有一定的艺术性，在丰富城市景观、美化城市环境方面起着重要作用。它们的存在能够丰富城市色彩的载体，提高城市的品质（图 1-31）。

城市公共设施色彩的设计对于增添城市的人文色彩有着重要作用，因此当我们在进行休闲观赏设施的色彩设计时应该从系统的角度出发，在满足艺术观赏性的同时，又符合城市整体色彩规划的需要。

---

① 崔唯．城市环境色彩规划与设计 [M]. 北京：中国建筑工业出版社 .2006，62.

图1-30　户外游乐设施（资料来源：http://images.google.cn）

图1-31 公共设施（资料来源：http://images.google.cn）

法国巴黎在休闲景观设施的色彩规划设计方面做得比较完善，巴黎整个城市的公共设施以优雅、沉稳、平和的橄榄色为主色调，辅以不同纯度的绿色，绿色的休闲观赏设施与巴黎米黄色的建筑相互映衬，创造了优雅舒适的城市环境。

1.3.4 城市交通设施色彩

交通设施在城市公共设施中占有重要地位。在城市交通设施中，交通工具的色彩是流动的，是城市流动色彩的主要组成部分，这些流动的色彩彰显了现代城市的繁华与动感。虽然交通工具的色彩在城市色彩中所占比重远不及建筑，但它却可以从侧面体现一个城市色彩的整体风貌。

目前，国内大多城市的公共交通色彩比较混乱，公共交通的运营商为了追求利益的最大化，在公共交通车辆上设计各式各样的色彩广告，这些广告为了追求视觉上的醒目，大都在色彩的运用上采用高纯度、高明度的色彩，这些公共交通上的色彩破坏了一个城市协调的整体色彩感，并且有损于整个城市的整体形象。

作为城市中相当重要的公共交通工具，公交车的形象最能体现所在城市的文明程度。在我国，大连市对公交车的色彩做出较为明确的城市，大连的公交车颜色采用与大连市标志色一致的颜色——蓝色，蓝色在公交车上的运用与整个大连市的城市色彩氛围相呼应。与大连选择蓝色作为公交车色彩的思维相一致，古城苏州对公交车车身色的选择也是从城市自身色彩的角度出发，苏州对自身城市的色彩定位为"水墨山水画"，从这一角度出发，苏州市公交车色彩选择了"黄灰色"，这也与城市整体色彩相融合。

随着人们对城市环境问题认识的提高，越来越多的城市开始重视城市交通设施的色彩。

道路的色彩：

车行道的色彩通常比较单一，这与车行道的特征以及道路建设材料有着密切关系。大多数城市道路都使用沥青或混凝土，道路的分隔线也多为白色和黄色，在一些管理理念较为先进的地区，道路已经开始使用有色材料来铺设。

步行道路通常指的是广场休闲道路、人行道等，与车行道的单一功能不同，步行道除了组织交通、引导人流外，还更加重视景观的效果。步行道的色彩通常由所用铺装材料决定，其中最为常见的就是水泥砖。随着新材料的不断出现，越来越多的城市已经开始使用有色的材料作为道路铺装（图 1-32）。

1.3.5　照明色彩

照明通常分为自然照明和人工照明，城市色彩设计中主要指的是人工照明所产生的色彩关系，其中主要的是指夜间照明（图 1-33）。

城市灯光照明可以分为如下四个部分：商业灯光、公共场所灯光、交通灯光、景观灯光。

交通灯光主要指应用于道路、车站、机场和港口等方面照明使用的灯光；商业灯光指沿街商店、餐饮、娱乐等公共场所门面为了宣传而采用的灯光；公共场所灯光指应用于广场、公园等活动场所使用的灯光；景观灯光指历史古迹、标志性建筑等地方使用的灯光。

灯光设计是城市色彩设计中重要的组成部分。灯光营造的夜间色彩往往比白天建筑的色彩强烈，因此怎样在夜间对灯光的色彩进行设计就显得格外重要。好的灯光设计不仅可以反映城市景观的三维多变性，还可以增加和延伸城市景观的审美时空。而城市灯光设计主要是指对照明灯光的种类、颜色、功能、数量进行的组合和安排。

图1-32　城市道路（资料来源：http：//image.google.cn）

图1-33　城市照明（资料来源：http://image.so.com）

2　城市建筑色彩

2.1　城市建筑色彩设计的重要意义

城市的组成是一个复杂的、包罗万象的社会现象。城市的发展如同生物器官的发育，萌芽于最初为方位而筑成的城堡，其后历经农、商、工等各业的产生、发展和兴旺，现代产业、交通通信手段的诞生更赋予了城市勃勃生机，从而完成了城市进入更高阶段的物质准备。数十亿计的人们在城市里生活，他们在享受这种物质准备的同时又自觉或不自觉地对城市进行更新和改良。人们的生活质量和生活状态都深刻地受到经济、政治、文化以及建筑、交通等各方面的影响（图 2-1）。因此作为人类文明的载体——城市，其面貌是一个地区的地方特征、民族特征、文化传统最直接的反应。

从某种意义上说，语言和城市是人类最为重要的发明。语言使人们可以交流和沟通，城市则可以使人们聚集。城市有自身的发展逻辑，但是随着时代的发展，城市建筑空间的命运和主张越来越掌握在强者手中，空间形态和功能服从于强势，城市的生活居住功能渐趋边缘化，不断扩大的面积、不当的公共设施、割裂的城市空间、越来越高的建筑、

图2-1　中国香港、日本城市街景（资料来源网络）

复杂的城市建筑格局，这些逐渐成为城市的主要征象。为了应对这种不适合人类发展的趋势，以及在寻求环境保护这个大前提下，人们开始寻求、关注和重视社会健康发展的新途径，这就是21世纪人类面对的重大课题。“和谐”是当今世界的主题，“和谐共生”也成了当代建筑学的发展方向和拓展前景。在城市整体景观的概念中，建筑色彩显得尤为重要，进行深入的研究和探讨，进而将建筑色彩要素提高到城市层面去研究，在主要以改善城市空间环境质量为目标的城市建筑设计中具有重要的意义。

中国改革开放三十年的发展和深化，国家的经济实力得到了巨大的提升，城市化进程提速，进入城市大规模发展的阶段。然而随着中国城市的大步幅扩张，城市建筑文化的建设并没有跟上城市发展的步伐，城市的开发者对城市规划建设整体性的短视行为，在项目上缺乏对使用者进行深思熟虑的考量，对建筑的文化属性漠视，直接导致了城市的特色丧失。美国前总统克林顿对城市文化属性有过这样的评论“北京如果想变成纽约，100年就可以；但要把纽约变成北京，1000年也做不到。”这说明城市建筑文化属性建设是一个漫长而艰难的过程，而破坏一个城市的文化属性是很简单的。我国目前城市的形象和文化属性正表现出这种破坏城市文化属性、建筑更加趋向国际化形式的“趋同”，这种“趋同”表现在两个方面：一是城市不断拆建，四合院、小巷子不断被拆除并且逐渐被国际主义建筑所取代（图2-2），引起了城市居民“无根感”的加剧；二是城市建筑色彩使用日趋混乱，清雅的城市整体建筑色彩被各种建筑色彩所排挤，城市传统建筑文化和那些小巷中曾经的美好故事很多都消失在回忆中。

值得庆幸的是目前很多学者和城市管理者已经逐渐认识到这个问题的严重性和迫切性，并且在新城的建设或者是旧城的改造中逐渐改变那种毫无前瞻性和规划性的做法，在城市的规划和建设实施中都力求城市文脉的传承与历史的延续，增进人们对城市的归属感及认同感，

图2-2　城市四合院古民居的拆除与改建（图片来源：网络）

集中强调要突显城市的相关特色，增强城市的识别性。研究表明，色彩是对形象感知最直接的反应和最强烈的印象，从建筑的整体形态上看，色彩绝不仅仅是一个哲学上的抽象概念，而是能够充分被人们所感知的元素，强烈而又快速。色彩对于建筑设计是极为重要的，它属于设计完整形态的展示元素，能够营造气氛和情调，是一种非常有效的装饰元素。因此城市建筑色彩的规划和研究在近几年引起了广泛的重视。

现代城市中存在着各种各样的污染源，建筑色彩的污染也逐渐成为其中之一。改革开放前期随着经济发展作为整个工作的中心，建筑快速发展和管理水平滞后的差距，造成传统建筑做法中，建筑色彩能够与环境相协调的设计已经越来越少，建筑色彩的使用越来越随意，不受约束，尤其是设计师追随和过度迁就甲方的意愿，建筑设计的主导方向掌握在甲方手中，造成的后果可想而知：建筑设计相互模仿，追求新奇，不同的新材料、涂料大肆运用，很多城市变成五颜六色的

图2-3　杂乱的城市建筑色彩（资料来源：作者自摄）

大花脸（图 2-3）。这种在城市现代化建设中将地区传统的建筑色彩逐渐淡化、人文背景中的色彩倾向和自然环境色彩基础忽视的做法，以及趋同的高科技建造手段和现代建筑的不断涌现一定程度上削弱了城市色彩个性，导致了城市色彩相对混杂的局面。为了吸引顾客的目光，很多商业建筑滥用一些色彩，例如高纯度的色彩、甚至是某些金属色彩，这些具有强烈刺激性的色彩，对人的视觉产生巨大冲击，这种色彩设计并没有考虑到人们的生理、心理需求，形成了视觉污染。长此以往，难免会引起一些焦躁不安，严重者可能会引发神经衰弱、失眠等精神方面疾病。根据日本所做的统计资料表明，由于色彩使用不当，而引起的各类纠纷呈增长态势，从两个数字我们就能看到这个趋势，在 1976 年，关于色彩的控诉有 6 项，到 1993 年，增长到 16 项。这充分说明城市居民对建筑色彩景观环境认识的不断提高和对生活环境改善的要求。目前，我国在城市景观环境设计理论方面也论及了色彩在取得良好景观效果中所起到的重要作用，也对建筑色彩的规划和使用有了一定的认识，然而通常是文本性地强调了遵循统一与变化，这个有关建筑色彩设计的基本方针，但没有过多的详细论述。这样一来，在城市设计的实际操作中就演变成设计说明文本中一些笼统含糊的形容，比如“色彩以浅色为主”，很难发挥实际作用。对城市建筑色彩的规划进行系统的研究是非常有必要的。

2.2 城市建筑色彩设计的基本原则

（1）结合生态环境，营造“以人为本”的自然人居环境

城市设计的最根本出发点就是能营造出适宜大多数人生存的良好环境。现在城市日益成为世界关注的焦点，城市化在给我们带来文明成果的同时也给社会增添了负担。怎样在尊重自然生态环境的前提下，创建一个宜居的人类居住环境已然成为 21 世纪人类发展的重要目标，这也符合城市建筑色彩研究的基本理论原则和目标。对人类来说，自然的原生色是最自然的、最符合人眼感知的，这样的色彩机制最能满足人类的向往和热爱自然的天性。中国传统建筑思想提倡“天人合一”、“以天道制人事”的思维观，形成了各具地方特色的建筑形式和色彩运用方式，江南古镇的粉墙黛瓦、北京皇城的红墙金瓦，这些优秀的色彩运用为世界建筑之林增光添彩，也对周边国家在建筑色彩上的运用产生了积极的影响。但是改革开放以后这种顺应自然的建筑思想逐渐被边缘化，建筑的自我表现使建筑与自然产生了对立，城市变得五彩斑斓，中国的城市失去了一直与自然和谐共存的状态。

以上问题说明建筑色彩是城市美不可或缺的重要一环，对城市居民的生活质量也产生重要的影响。今天，在欧洲发达国家，虽然他们的城市拥有数百年的历史，普通建筑的建筑质量也较为平庸，却仍能给人以温馨、典雅、舒适的感觉，弥漫着文化的气息。这是因为他们将城市的建筑群作为一个整体去考虑，对建筑的色彩表现进行控制，避免个别突出造成的混乱。城市建筑色彩应与当地风俗文化和山水环

境相协调，在尊重当地自然环境和社会发展需求的前提下，营造“以人为本”的良好人居环境。

（2）服从整体城市设计的原则要求

就建筑而言，色彩表皮作为建筑设计表达的一种，与建筑的体量、造型、高低等因素一起构成了城市建筑景观。城市建筑色彩作为城市景观重要的一环，其规划和设计的原则和具体的实施方案都应服从总体城市设计的要求和原则，并能从色彩的角度对城市设计提出反馈，为更有效的城市景观提出控制和实施方案，从而有效地对设计对象区域的建筑色彩设计进行控制和管理。

城市色彩规划和设计第一位服从城市规划和城市设计所制定的原则和要求，包含有两层次的意思：一方面指城市的整体功能，另一方面指城市的分区功能。诸如，城市规划中制定的各种功能区域，如中心商务区、商业区、历史保护区等，是从宏观区域对城市色彩规划提供基本依据。在城市建筑色彩规划中，市政中心的色彩，应厚重一些；商业区的色彩，则可以适当活跃一些；居住区的色彩，可以雅静一些；旅游区的色彩，则需要悦目自然。在城市建筑单体色彩规划中，对某个建筑设计的控制会涉及建筑形态（体量、材料、色彩等）高度、沿街建筑界面的封闭度和建筑标志度等，因而城市设计对建筑色彩的纲领性原则便可以成为进一步色彩景观规划设计的基础，城市设计中标志度较高的建筑或建筑群则有可能成为色彩规划中需要重点设计的部分。所以，城市设计为城市色彩规划提出要求，而城市色彩又对城市设计形成积极的反馈发生了反作用力。两者形成了一个良性的互动。

（3）展现城市个性，体现地方色彩原则

城市建筑色彩规划的第二层次意义是要能突出对城市历史文化的体现，展示城市个性，成功的城市建筑色彩规划，是城市不出声的代言人。每个城市在漫长的历史中，都会在当地自然和社会条件下形成独特并为当地居民所喜爱的色调，地方色彩从一定意义上反映了这个城市的文化成熟程度。由于每个城市所处的自然环境不同，居民民族的差异，为塑造城市的个性化、地方的特色化奠定了基础。徐州风景秀丽，历史悠久，大自然的色彩可以比人工装饰的色彩更多一份真实和活力，回归自然的渴望使自然色彩更具吸引力。在城市色彩设计中要注重在合适的位置，运用具有地方特点的色彩和材料，体现城市的风貌和独特气质。

历代人民对待地方建筑色彩，建筑材料及环境的态度是城市历史文脉表现之一。分析能集中体现徐州历史文脉的街区，可以发现传统建筑中常使用色彩和质感丰富的地方性建筑材料来体现历史文脉。建筑色彩多为黑白灰对比，建筑材料，如木材（常被刷成深红色）、石材（低彩度的黄色或偏白的青灰色），整体明朗稳重而又不失细腻。所以在城市色彩规划中，应发扬地方建筑色彩的传承与延续，追求从细节中更多地获取自然的、非刻意的色彩装饰效果。

（4）色彩规划的可操作性原则和灵活性原则

城市色彩本身就是具体复杂性的，其规划和设计更是会牵涉各个方面，显得千头万绪。城市建筑色彩规划设计绝不是铁板一块，过于严格的色彩要求必然会减弱城市的活力和建筑创作的多元表现性。因此色彩规划不能一锤定音，应适当留有余地，保持可以弹性控制的空间。色彩研究方面的专家通过考察区域内特有的建筑材料和色彩，选取区域本身固有的色彩，与当地材料结合，创造优美环境。[11] 徐州市的城市建筑色彩规划，是在认真分析其城市和区域建筑色彩现状及产生和发展的的基础上，并借鉴其他城市的色彩运用经验和做法，结合区位人文、生态、历史的特点而进行，通过不同区域、性质、层次不同色彩的组合，来指导城市色彩的管理与建设，力求做到针对性和可操作性。每项色彩设计尽量详细和有针对性，从而保证研究结果的精确度。

（5）城市色彩构成和谐原则

要塑造城市整体色彩个性，城市中建筑及景观元素色彩的协调与一致是关键。其中，协调是色彩运用和城市建筑色彩规划的核心原则，其中色彩涵盖了所有城市色彩的组成部分：天然的、人工的，稳定的、变化的，永恒的、短暂的，等等。协调与一致并不是指颜色单一，单一色彩是有制造出色彩的统一感的可能性，可以强化城市的整体识别，但其反作用也比较大，其中典型的不利影响便是消磨城市内在的可识别性。这里的协调指的是在变化中、差异中的城市色彩形成协调与一致。色彩要是没有变化和差异,也就谈不上协调;但是变化和差异过大，也不会营造出协调。

城市色彩的和谐含有两个层次，一方面是形容自然色与人工色，及其与城市自然环境色彩的和谐，第二个方面是指人工色与人工色，及其与城市建筑环境色彩的和谐。与自然环境色彩的和谐是城市色彩的首要前提，我们畅想一下，一座拥有蓝色海洋或绿色森林的城市，它的城市色彩肯定与内陆城市或特大城市有所不同，在被很多绿色植被覆盖的小城，可以大胆地运用色彩，不会在一定程度上破坏整个城市色彩的和谐。在很多风景优美，适宜旅游的欧洲小城，例如位于意大利的佛罗伦萨，拥有鲜亮的红色房顶，春夏的时候，整个城市都被大片的绿色山林河流所包围，冬天的时候，白雪皑皑，整个城中弥漫着一种暖黄色的色调，协调而又统一。威尼斯是一座坐落于海洋中的城市，整个城市是暖红色的基调，却不会给人色彩嘈杂迷乱的感觉，反倒是生机勃勃，富有朝气。如果城市色彩过于淡雅，反倒是会失去生机。总而言之，如果城市拥有自然色，那么自然色就应当是城市的底色，人为的文化色服务于自然色，并与自然色相结合，能够非常有效地使城市色彩达到协调与一致。我国的青岛市可以算是城市色彩运用的典范，可谓是“红色瓦片与碧海蓝天”，这其中，人工色只有“红瓦”，剩下的都是自然色。这些自然色是所有沿海城市的天然财富，并不是青岛所独有的宝藏。但青岛整个城市色彩的成功之处，是在于旧城规划中，正是因为自然色的巧妙借用，达到了自然色与人工色的协调一致。反观其他大城市或城市新区，没有或是缺少自然色，也没有特定的传统色，那么，整个城市色彩就应该具有偏向中性的色调，其次，依据不同的功能区、不同的建筑结构，进行色彩的搭配。在通常的状况下，主色调或接近主色调的色彩应当运用在大面积建筑立面上，并且留下一定的能够变化的色彩空间，使建筑细部（窗户、门庭、招牌等）可以有丰富的变化。当运用统一色彩时，适应体现在体量巨大、结构复杂的建筑上，使其能够更好地与整个城市色彩相融合；相反，体量较小的，并且结构大致相同的建筑（公寓建筑），就要设计阳台、门窗的色彩，使整组建筑产生视觉的生动感、节奏感或韵律感。对于一些新型建筑，则需要适应已经营造出色彩环境的周边建筑，二者如果非常不协调，就应该运用一些过渡颜色或者是能够缓冲矛盾的色彩。总的来说，不论城市建筑色调如何变化，都要无限制接近自然色，或是石板、石砖的颜色。要最大限度地避免大面积高纯度色系，不影响城市建筑的整体色彩。

2.3 国内外城市色彩的研究与实践

2.3.1 国外研究与实践

人类对色彩的认识是自 1675 年牛顿发现光的色彩开始有了突破性的进展。二战过后，发达国家的经济与科技迅猛发展，然而随着积极地快速发展也带来了一些值得我们深思的问题。自 20 年代以来，设计师和建筑师们都在一直思考和关注人的内在需求和存在本质，将“以人为本”的设计思想投入设计实践中去。除了设计思想和设计理念的转变，不断涌现的新技术和新材料更加促进了人们对色彩的研究以及色彩在城市设计中的应用。而对城市色彩景观的深入研究对于改善人们的生活品质、提高人们的环境意识产生了重要的影响。此外，对城市色彩的研究更加涉及对历史环境的保护与延续，过度的土地开发与盲目无节制的城市发展导致城市环境急剧恶化，环境保护与城市色彩的融合、自然环境的保护与治理、人文环境的延续日益成为环境景观设计的主要焦点，也成为世界各国的关注焦点。

1. 基于人的需求的色彩景观研究

随着对色彩研究的继续深入，人们日益发现了色彩对人们的生理、心理的严重影响，人体工程学被作为一门特殊学科自 20 世纪 60 年代引入到色彩应用研究之中。通过对环境色彩的巧妙应用尽量减少不当色彩对环境的负面影响，消除色彩对人们带来的身心创伤，更加注重对环境色彩的合理应用，有效发挥色彩在城市环境设计中的重要作用。此外，根据人对色彩的生理和心理感受，色彩研究逐渐转向营造适合人们生活、工作、娱乐的室内外色彩环境，通过科学地运用色彩使生活和工作环境的舒适程度得以改善，或辅助建筑、环境以实现某些特殊功能，如通过适宜的色彩促进商业购买行为、提高员工工作效率、辅助医生对病人的治疗等等。①

2. 基于传统、地域和文脉的色彩景观研究

作为城市文化主要构成部分的城市色彩景观，城市色彩景观研究并非单纯从美学的角度来研究获取协调的视觉效果的方法，营造出色彩和谐的城市意象，更为重要的是如何通过这种研究，在全球文化日益趋同的情况下挖掘、保护和延续地域性文化和传统，以实现全球化、现代化与地域性的共存。② 该领域的代表是让·菲利普·朗克洛（Jean-Philippe Lenclos）——一位著名的法国色彩学家，他在大量实践调查的基础上，首次提出“色彩地理学”（Co1or geography）的概念。他认为，“不同的地理环境直接影响了人种、民族、习俗、文化等方面的成型和发展。这些因素都是导致不同色彩表现的原因。”

---

① Galen Minah. Reading Form and Space; the Role of Color in the City[J].Architectural Design, 1996.37.

② 吴伟 . 城市风貌规划——城市色彩专项规划 [M]. 南京 : 东南大学出版社 .2009.2 ~ 13.

图2-4　都灵街景（图片来源：http://image.baidu.com）

图2-5　法国巴黎街景（图片来源：http://image.baidu.com）

3. 基于城市色彩景观的实践和研究

都灵（Dblant）是首个将城市色彩加入城市规划设计的城市。都灵从1800年起成立委员会从事城市色彩研究，这是有史以来唯一一个运用地区特色的色彩“都灵黄”发展和规划城市，虽然当时色彩规划的理论与设计还不够科学，主观意见占据重要位置，但是它却成为城市色彩景观规划评价研究的开幕式。从此以后，城市规模的色彩问题逐渐被发达国家关心和关注，并开展一系列为改善城市环境品质、较为深远的、有体系的探究（图2-4）。

20世纪70年代之初，法国成立了专门的联合小组，大量的关于改善城市的景观专家，他们对于法国城市的景观色彩做了调查和研究，这些都给法国城市的规划带来了巨大的影响。比如在法国的巴黎，就进行了两次规划整改，目前巴黎的主要基调以米黄色为主（图2-5）。

图2-6　德国街景（图片来源：http://image.baidu.com）

与此同时，联合国小组在对新城建设方面做了许多关于城市色彩的研究，其中大部分研究都具有相对的开创性，并且在城市色彩研究实践方面都获得了累累硕果。在城市色彩景观的另外几个层次，欧洲的其他国家也都有突破性的进展。例如 20 世纪 90 年代，维尔纳·施皮尔曼教授是瑞士色彩学领域的专家，他负责规划德国波茨坦地区的城市色彩景观，他针对该地区的色彩规划设计理念得到了广泛的认同和理解，他的规划在尊重具有德国传统特色的中等明度与彩度的、一些暖色系的建筑色彩上，将城市主色调规划为稳重的砖红色和黄赭色，辅助色设置为灰色系与白色，点缀色为蓝色系（图 2-6）。①

日本城市色彩的研究在亚洲地区是最先进的，20 世纪 80 年代川崎市政府制定的《海湾地区色彩设计法规》、京都公共色彩运用研究组于 1988 年对城市广告标识系统的色彩研究、1995 年日本色彩研究

① 苟爱萍．建筑色彩的空间逻辑——Werner Spillmann 和德国小镇 Kirchsteigfeld 色彩计划 [J]. 建筑学报，2007（01）：77 ～ 79.

所为大阪所作的色彩规划开拓了创造性的历史。而且城市建筑色彩和环境的规划被日本的管理部门纳入法律之内，如 2004 年的《景观法》，使城市色彩的规划管理做到有法可依、有章可循。

4. 国外研究色彩机构

当前世界上知名的色彩研究机构与协会大概有 30 个，不知名的协会更是数不胜数，分别散布在世界各地，当中首屈一指的是美国的色彩研究机构。此中具有代表性的色彩机构如下：

（1）国际色彩顾问协会（The International Association of Color Consultants/Designers，IACC）：1957 年在荷兰，由来自世界各地的设计师、艺术家、色彩学家一同创建。IACC 以研究色彩与人造环境之间的关系，并解决它们之间的矛盾冲突为成立方向。它的建立代表着色彩设计研究行业将以人类生活环境为研究目标。

（2）国际色彩协会（International Color Association，AIC）：该组织将色彩研究作为目标。色彩是该国际组织举办学术研讨的主题。中国位于 24 个常务会员国之列。

（3）国际流行色委员会（International Commission for Color in Fashion and Textiles）：拥有 19 个成员国，该协会主要从事对流行色的研究、选定和预报。

（4）日本色彩研究所（Japan Color Research Institute）：于 1927 年成立，其中主要工作是接受政府委托研究有关色彩设计方面的项目，包括公共建筑与设施，因此就有一定的权威性质。其中，有国家色彩制定标准、色彩设计、色彩教育、色彩资料出版、色彩心理学研究等一系列有关色彩研究的工作。

5. 国外城市色彩景观相关著作

（1）（法）让·菲利普·朗克洛所著《Colors of the World—a Geography of Color》第一次提出了“色彩地理学”（La Geographe de La Couleur）的概念。

（2）（美）洛伊丝·斯文诺芙所著《The Color of cities — An International Perspective》作者从三维色彩假设的角度探究了特色文化与其色彩选择之间存在的关系，并详细地描绘了色彩举足轻重的作用。

（3）（美）哈罗德·林顿编著的《Color in Architecture：Design Methods for Buildings，Interiors，and Urban Spaces》作者关于建筑材料、历史名胜、色彩设计方案、工业着色、色彩的形式主义等方面进行了相关的研究。

2.3.2 国内研究与实践

我国的城市色彩研究相对较晚，并且一直没有得到系统化、理论化的发展，直到21世纪才从西方引进大量的色彩学理论，结合中国的实际国情开始了中国的景观色彩研究。

1. 国内城市色彩景观理论研究

（1）我国进行城市色彩景观研究最早一批的专家是在1988年到1993年间，在国家自然科学基金的支持下，就中国的实际国情结合国内的地域性完成了国内色彩系统的问题探讨，并建立了“中国色彩体系的国家标准”，并与其他工作单位如中国建筑科学研究院物理所一同研究，拟定了中国建筑色彩体系。

（2）“中国传统建筑装饰、环境、色彩研究”专题，是一个由北京建筑设计研究院杨春风主持的专题，该专题由北京自然科学基金会资助，该专题涉及范围广泛，历经三年时间，从1991年到1993年分别对广西、皖南、新疆、北京等地区进行了详细的调查研究，并且在此基础之上有针对性地对广西侗族民居、皖南民居、新疆维族建筑和北京古城等特色传统区域进行分析和研究，为我国的城市建筑环境色彩研究作出了重大贡献。

（3）2004年11月在我国第一次承办了以“城市色彩以及色彩与建筑的专题研讨”为主题的“第84届国际流行色委员会会议”。在会议期间，哈尔滨市以其突出的在城市建筑色彩管理方面的成绩被评为“色彩中国”大奖。2000年以后，在南京、成都、大连、青岛、武汉等城市也陆续公布了建筑色彩管理制度，出现了一些专门的色彩研究所来提供建筑色彩实践指导，例如中国美术学院色彩研究所、北京西蔓色彩咨询公司等机构。

（4）对于建筑色彩的理论研究，我国也取得了一系列的发展进步，出版的专著和发表的文章有相当一部分，比如陈飞虎主编的《建筑色彩学》，王其钧著的《中国传统建筑色彩》等学术性专著已成为城市色彩研究的典范；张为诚、沐小虎编著的《建筑色彩设计》和施淑文编著的《建筑环境色彩设计》也为城市色彩的实践提出了重要的设计方法。此外还有高履泰编著的《建筑的色彩》和焦燕编著的《建筑外观色彩表现与设计》等等，都对建筑色彩从不同角度进行了仔细而充分的论断，为我国城市建筑色彩理论研究奠定了坚实的基础。

（5）我国近几年在城市色彩的规划实践方面取得了进一步的发展，驻足城市发展的角度从宏观和微观两方面都进行了系统和全面的规划设计研究。针对我国城市快速盲目发展产生的一系列严峻的城市问题，提出了科学有效的治理方法、规划思路以及管理、评价系统，这些在清华大学建筑学院尹思谨博士所著的《城市色彩景观规划设计》专著中都进行了深刻的研究，为我国的城市建设和规划发展指明了方向。

2. 国内城市色彩景观实践

最近几年，城市建设不断发展与扩大，城市环境问题日益严重，人们越来越重视城市色彩景观规划和管控，城市色彩控制被国内的色彩专家、建筑师以及城市规划部门屡次提，人们已深刻认识到它的重要意义。早在2000年初，北京市展开的建筑外立面改造工作对国内城市色彩的规划发生了深刻影响，对城市景观色彩的管控与规划也成为国内城市建设的热门话题。

2000年8月，为配合奥委会考察团的考察工作，增添环境协调性，北京市出台了相关政策对主要街道和建筑进行外立面整改，并发布了《北京市建筑物外立面保持整洁管理规定》，非常有效地改变了城市的整体面貌。

2001年，温州市也紧随城市色彩管理与规划的步伐，制定了相关的政策。通过调查决定主要城区以淡雅明快的中性色系为建筑主色调，辅助色调以冷灰、暖灰色为主，并且将中心城区区分为特色区和廊道系统。

2003年，武汉市为了有效地控制城市建筑色彩，制定了《武汉城市建筑色彩技术导则》。该导则针对武汉市各个区域的色彩控制制定了详细的色彩控制计划以及相应的配套方法，强调了色彩控制在城市环境协调城市有序化管理方面中的重要性。

2005年，《浙江宁波市镇海区城市景观·建筑——色彩调研与规划报告》由中国美术学院色彩研究所发布。该报告立足与城市形象相关的多个角度，根据当地景观特色以及城市定位，提出了城市色彩规划、设计、管理的办法与政策。①

2006年，重庆大学建筑城规学院对重庆市的城区规划色彩进行研究，将城市的主色调定位为淡雅的暖灰色调，以冷灰为辅色调，并根据重庆市地域特色编纂了《重庆市主城区城市色彩总体规划研究》，并按照重庆城市空间的结构和城市特色区域分别进行了区域规划探索。

2007年，大同市为了统一城市建筑及景观色彩聘请了由北京西蔓·CLIMAT环境色彩设计中心，针对大同市的本土特色以及发展现状展开了对色彩的研究，并制作了“大同城市色彩景观150体系”、“大同市建筑色彩应用指导手册”“大同市广告色彩应用指导手册”等指导

---

① 吴伟．城市风貌规划——城市色彩专项规划[M]．南京：东南大学出版社，2009.2～13.

手册。这些为大同市城市色彩规划提供了良好的依据。

2008 年 5 月，天津市规划局协同天津大学建筑学院建筑技术科学研究所，就天津市重点区域展开探索，其中通过对数据的收集、整理与解析，对天津市的城市色彩进行了详细的管控规划，编制了《天津市城市色彩规划》指导性文件，并提出了天津市的整体城市色调，即“亮灰、暖黄、转红、砖灰”四色。同时又对天津市的各个重点区域提出了建筑推荐色谱以及相应的配色方案。拟定了能够成为天津市城市色彩景观规划设计的依据《天津市中心城区建筑色彩规划控制导则》。

2009 年，杭州市规划局与中国美术学院合作就《杭州市主城区建筑色彩专项规划》进行了精心的研究和编写工作，该规划成果由杭州市规划局在 2010 年 2 月向社会公布。传统水墨意向为该规划的主旨，“双核、三轴、五心、十四分区”为建筑色彩的构造。杭州市将城市品牌定位为“生活品质之城”，而此次规划的总体目标为创建“特色文化城市”和“和谐城市”，努力营造地域化、系统化、和谐化、丰富化的城市建筑色彩形象。①

当前，根据国内外城市色彩景观研究的现状以及实践，了解到中国当代社会的发展和建设已经明显表现出对城市色彩规划设计的必不可少，对于满足人们的身心需求是至关重要的。虽然城市景观色彩研究已经取得了一些成果，但是依旧存在一些不可忽视的问题：一方面是对于城市色彩规划方面的认识不足，另一方面是缺乏一定的理论指导，盲目地开发建设城市，而忽视了色彩规划的重要性。所以我国在城市色彩的规划研究与实践发面有一定的紧迫性和必要性。

① http://www.hangzhou.gov.cn/main/xxbs/T314614.shtml

2.4　城市建筑色彩的特性

2.4.1　城市建筑色彩的历史文化性

不同国家、社会、传统都会赋予色彩不同的象征意义，暗示某种抽象的精神含义。[①] 伊利尔·沙里宁（Eero.Saarinen）曾说过："城市是一本打开的书，从中可以看到它的抱负。"他还说："让我看看你的城市，我就能说出这个城市居民在文化上追求的是什么。"

城市的历史文化资源是其文化品位的重要体现，也是一个城市特征的生动体现。每一座城市除了拥有一般城市的特性外，由于受到一些特殊因素的影响，这些城市在其发展过程中又表现出独具其自身的特点，所以它们往往有一些其他城市所没有的独特性。这种独特性在一些历史文化名城更加强烈，这些具有历史文化价值的城市往往比一般城市具有更突出的特征，在城市的形态和结构以及内在气质上都有自己鲜明的特点。

许多欧洲具有悠久历史文化底蕴的城市，能够在传统保护和建设之间相协调，形成具有强烈地方特色和浓厚文化氛围的现代城市风貌。如伦敦、威尼斯、柏林、巴黎、罗马、伊斯坦布尔等都是明显的例证（图 2-7）。

中国也有一些色彩形象鲜明的城市，如北京、平遥、苏州等（图 2-8），这些色彩既是不同文化传统的遗存，也是不同民族审美趣味的结晶。

城市特色不仅仅反映当地的文化意象和意蕴，也会呈现历史发展的历程。这些特征在不断向人们诉说着它们的历史文化意味。

除了地域性的差别外，时代的不同也会造成不同的城市色彩特征，并且通过建筑这具有时代环境特征的主体来反应。我国历史上的汉朝，汉朝时期在建筑色彩运用方面继承了春秋战国以来的传统，黑、赫、

① 张衡宇．城市规划中建筑色彩选择的影响因素分析 [J]. 中国建设教育 .2007（6）：56-57.

图2-7　建筑外墙色彩
（资料来源：http://image.baidu.com）

图2-8　平遥 苏州
（资料来源：http://image.baidu.com）

大红、朱红、石膏等色彩在建筑上得到运用。唐朝是我国封建社会历史上最为繁荣的时期，唐代对外来文化秉承接纳融合的态度，外来文化对其影响相对较大，在色彩的运用上唐朝比任何时代更为亮丽和开放，其建筑的内外环境大多以黄、红、青淡绿等色彩来装饰，以朱红色涂抹外露的木结构，这样将会产生简短干练的对比。将汉唐两代的建筑色彩进行比较，其色彩特征的不同便显现出来，我们可以从中了解相应的社会时代特色。

2.4.2 城市建筑色彩的公众性

城市是人类居住的场所，人类会对城市建筑色彩产生巨大的感知影响（图 2-9）。城市色彩与其他的私人物品不同，人类可以共同地享有和感知城市建筑色彩。生活在城市中的居民认为城市的建筑色彩是带有一定的强制性。因而，在规划设计与控制城市色彩景观时，需要

图2-9　香港（资料来源：http://image.baidu.com）

综合考虑人们对于色彩的认同感，而不仅仅依靠设计师和管理者的价值观、设计偏好。同时，对于不断提高的生活水平，人们对城市景观的品质要求也在不断地提高，让公众参与到城市色彩景观研究、规划、设计和管理中也显得尤为重要。

2.4.3　城市建筑色彩景观的宏观性

城市建筑色彩景观的研究领域很宽广，与其他微观或静态色彩研究领域不同，城市伴随着不断的历史变迁，规模不断地扩大。由于庞大的城市空间尺度，因而在规划设计城市色彩时，不仅仅注重考虑色彩的三要素（色相、明度、彩度），同时还需要注意色彩的面积，即色彩的使用量。由于现代城市在体积、高度、密度上都超过了以往城市，因而周边环境受建筑色彩的影响很大，并且，由于色彩面积大小的差异，将会使人产生不同的心理感受，因此对于建筑色彩面积的考虑至关重要（图 2-10）。

图2-10　宏观的城市色彩（资料来源：http://image.baidu.com）

3 城市建筑色彩研究的影响因素分析

一个城市的色彩受其所在地的人文地理环境影响，会产生特定的色彩倾向，因而特定的地理环境将会带来其独特的城市魅力色彩。在生产力水平较为低下的时期，人文和自然地理环境对建筑色彩的构成有一定的重要影响。每一个地域或国家都会表现出不同的城市建筑色彩，希腊蓝天碧海下的白色建筑群落，苏州水城的粉墙黛瓦，这些城市色彩的构成因素都是借助了当地特有自然因素色彩，体现出人工建筑色彩的吸引力。在规划城市建筑色彩时，需要考虑的条件因素主要有城市的文化、历史等人文条件和地域、地貌等自然条件。对于今后建设一个“色彩生态型”城市，尤其是将自然色彩有机体作为重要部分的城市色彩，有其重要的意义，因而必然也会成为未来城市发展的主要趋势。以下将从自然地理环境、历史人文、城市发展和城市定位等四个方面分析对城市建筑色彩形成的影响。

3.1 自然地理环境因素

路易斯·斯威诺夫认为日光的特性对一个地区或城市的景观色彩面貌有决定性作用，而该地区的自然地理条件又决定了该地区的日光特性，因此该地区建筑的色彩面貌会受日光的角度、强弱等的直接影响。不同地区的阳光强弱有所不同，高纬度地区和高原地区受到的阳光照射强，低纬度地区和平原地区受到的阳光照射弱一些。联系到光与色的原理，柔和的光环境会使色彩的彩度相对突出，一般强烈的光线会使得彩度减弱。所以在相同的色彩样品时，不同的光线下表现的效果也就不同，所以在多雾的伦敦颜色的表现就比威尼斯显得强烈的多。这也可以很容易地理解英国人喜欢的颜色含蓄稳重，而意大利人更喜欢强烈的鲜艳色彩。所以建筑色彩受到自然地理条件的影响，主要体现在气候因素和地方材料上。

1. 气候条件

一个地区的气候条件会直接影响该地区的自然环境，成为制约该地区建筑形式和材料的主要条件。色彩的载体是材料，因此气候条件也将制约和影响着建筑的色彩。同时伴随着人类历史进程的发展，气候条件将不断作用在建筑上。远古时期，生产力水平低下，人们大多采用天然建筑材料，气候条件对建筑形式具有一定性作用。

中国气候总论中说："一地的气候就是该地在长期内大气平均状态，或气候是长期内的天气统计状态。"[①] 气候的形成条件有很多，对建筑材料和建筑色彩有重要影响的气象因素有：气温、降水、日照、云量等。

气温：气温不仅是重要的气象要素，同样也影响着建筑的材料和色彩。气温对人们的色彩视觉感受和心理效应产生很大的影响，生活在热带地区的人们更乐于接受在视觉上清淡、安静、纯度和明度比较低的冷色系和无色系，比如灰色、白色、淡蓝色等，在材料的选择上偏好视感偏冷的，如光滑的石材等，如澳大利亚的悉尼；而生活在寒带地区的人们更容易接受视感温暖、火热的暖色调和亮色系，如红色、黄色等，也更愿意采用木材等视感温暖的材料，如俄罗斯的莫斯科城（图 3-1 所示）。

降水：一个地区的自然面貌直接受该地区的降水量影响。同时降水量的多少，也会对城市植被和自然景观色彩造成直接的影响。少雨的地方树木就稀少，裸露的地块造成色彩单调，这种情况下建筑的色彩就应该丰富多彩。而降水多的地方植物的种类就比较繁多，形成的

① 张家诚．中国气候总论 [M]. 北京：万向出版社 .1991.

图3-1 莫斯科和悉尼的建筑色彩取向（图片来源：http://images.google.cn）

色彩就比较亮丽，建筑色彩就应该偏素雅点。这样建筑色彩就能为整个环境交互辉映。

日照：某地区的日照时数与该地区的云量分布、季节变化密切相关。日照与云量关系密切，一个地区的日照时数与该地的云量分布密度有关。想要了解一个地区的广场景观条件，可以从该地区的年平均日照时数，即日照指标上推断出该地区一年中的日照天数。

云量：一个地区云量的多少对该地区的降水、日照都有直接的关系。云量多的地区，降水量大，湿气重，气候湿润，天空云量小于10%的时候是晴天，大于90%，云量在10%～90%之间是阴天。天空中云量的不同，使得同一栋建筑给人的色彩感觉也不一样。

由以上所分析的气候条件以及各因素相互作用，可得知一个地区的气候状况对该地区的建筑材料和色彩都有很重要的影响。

2. 地方材料

地方建筑色彩形成的最重要原因是使用地方性的建筑材料、采用传统工艺。生产力低下和科技水平落后的条件下，自然环境对城市的建筑建造影响很大，建筑材料一般是从原有的自然环境和技术条件下来获取。不同的地区有着不同的自然地理条件，技术条件、工艺水平也不同，因此各地所提供的建筑材料也有所不同。

朗科罗教授在对传统建筑色彩考察的时候，选择了法国 15 个不同地区进行了研究，经过研究总结出：传统建筑的选材中，主要依靠的是就地取材，这样也就形成了不同的地区建筑色彩不一样。直到 19 世纪，运输的水平还很低，建筑材料的选择也就受到局限。人们的建房建筑材料从木头或土坯发展到砖或石头（图 3-2 所示）。罗歇·菲谢（Roger Fischer）在他的《农舍建筑艺术》一书中曾指出："石头房屋和砖房相距不远，最多相差几十公里，这是由坚硬岩石和疏松土壤的地质差异造成的，这个距离还处在过去马车运输的活动范围之中。"[①] 由此可以看出，人类发展初期，自然地理条件对建筑色彩具有决定性作用。

图3-2　欧洲天然石材老建筑（图片来源：http://images.google.cn）

① 尹思谨 . 城市色彩景观规划设计 [M]. 南京：东南大学出版社 .2004：104.

图3-3　日益趋同的上海和悉尼（图片来源：http://images.google.cn）

随着现代科技水平不断发展，建筑材料和色彩在自然条件的影响下逐步减弱，特别是技术水平和工艺高度发达的今天，这种约束力已经微乎其微。然而，正是这种逐步发展的过程积淀，成为人文社会的重要组成元素。所以从某种程度上说，高度发达的科技水平和交通手段所带来的各地区建筑材料和工艺的趋同，严重破坏了地区人文景观的特性，如今的上海和悉尼日益趋同（图 3-3 所示）。

因此，面对不断加快的城市化进程，我们需要在利用新技术、新工艺、新材料的同时，使用地方性材料，采用传统工艺，保护地方建筑景观，使建筑的地域性得以持续和发展。

3.2　历史和人文背景

一个城市建筑色彩可以吸引人们的心理和生理的反应外，还同时具备了一定的文化内涵。建筑色彩可以反映出不同的审美哲理和地域风情。不同国家、不同城市、不同的传统文化，这些会赋予一个建筑色彩不同的象征意义，还暗含着某种抽象的精神含义。伊利尔·沙里宁认为看一个城市就如看一本书，可以从中读出他的抱负，看着这个城市就能知道生活在那的人们文化上的追求是什么。

建筑的色彩可以反映一定时代的主体环境特征，因为在不同的社会和时代背景下一个城市都会留下一定的痕迹，这些大都在建筑色彩得到反映。在封建时期的唐代，由于唐代是古代最为开放的时期，它广泛接纳外来的文化，思想解放，因此在色彩应用方面更为大胆和富丽堂皇。在建筑用色方面，室内环境常以黄、红、青等作为装饰色，在建筑外立面通常将木结构裸露，涂以朱红色和白色给人以简洁明快的色彩效果；而到了宋元明清，建筑环境中融入了朱金彩色和青绿彩画，建筑立面呈现出红墙黄瓦的视觉效果。朝代的更替、时代的不同所呈现出来的建筑色彩也全然不同，社会的时代特征尽显无疑。与此同时，随着朝代的变迁，政治经济形式的发展也鲜明地反映在人们衣着服饰变化上面。而如今的商业建筑色彩则更多地体现商业和炫耀的味道，例如上海外滩的铅灰色、浦东陆家嘴的银灰色，这些抑或凝重抑或活泼的建筑色彩，从不同层面表现出现代文明时期的气息，有严肃、有炫目、有鲜明、有冷峻。而这些色彩也成为现代高科技建筑的主要表现。由此可知，在一定的历史环境中，城市建筑色彩在很大程度上表现出时代和社会的主要内涵。

形成城市建筑色彩景观还有一个重要的因素——自然地理条件因素，长期自然地理条件的限定所逐渐形成的传统用色习惯。当然相应的社会风尚、文化艺术、传统习俗、宗教信仰等综合因素也会形成不同的城市建筑色彩图谱。更何况中国地大物博，56 个民族，各民族的文化风俗也各不相同，不同的偏好与习惯必然形成丰富多样的生活方式，而这些偏好差异又会形成不同的色彩形式，民族的差异、文化的异同、生活方式的区别也决定了对色彩的追求差异，这对一个城市环境色彩的形成起到了巨大的推进作用。但是目前国内城市在经济快速发展、新建筑如雨后春笋般拔地而起的时候，并没有深入考虑建筑与历史、人文方面的联系，在这种情况下城市建筑色彩的杂乱和千篇一律也成为必然趋势，这就导致了现代城市逐渐脱离了文化传统，所以人文地理条件成为影响一个城市色彩的重要因素之一。

3.3 城市的发展定位与城市格局

1. 小城市（镇）

小城市的规模比较小，相对而言人口就少，功能比较单一，城市界线不明确，很大程度上受自然地形环境的影响比较大，形成自己独特的、整体的色彩环境就比较容易。历史传统、地域文化在小城市中更加能够很好地体现和贯彻。在小城市的建筑色彩规划中，规划策略应该强调它的统一整体性，要使城市具有个性鲜明和整体统一协调性，应该从自然环境或人文条件等这些典型特点出发。

2. 大中型城市

城市的规模达到一定的程度后，城市的功能分区特点、种类在一定的程度上趋向一致，在这种情况城市建筑立面和组成形态也会变得相似。这是一个城市发展必然性，是功能需求所导致的。城市建筑如宾馆、大型商业中心、写字楼、交通枢纽等他们具有特定的技术要求和功能需求，这些要求相当程度上在建筑材料和建筑形式上产生趋同。因为这些建筑在城市中担负的功能都具有一致性，正是这种明确的建筑功能需求相同性和技术要求强大性，使得建筑具有相似性。越是大的城市，这类建筑的需求性就越多，城市看起来就越相似，对城市建筑色彩的影响十分巨大。

在城市中强调建筑色彩的同一性，强调城市“主色彩”，在小城市中比较容易实施，在大城市中很难实现。所以建筑色彩之间的协调应该加以强调，这样才能更好地控制城市建筑色彩。建筑色彩的控制也应该根据不同的功能分区制定不同的色彩控制原则。在历史文化传

图3-4　小城镇与大中型城市建筑色彩的比较（资料来源：www.baidu.com）

统保护区、文教区、旧城区等文化含量较高的区域根据区域性的不同制定主色调。对城市人文环境的保护也可以通过其他视觉元素来控制，比如城市小品等点缀城市地方性色彩（图 3-4）。

3.4　建筑表皮的选择

建筑表皮的选择一般依赖于建筑材料，约翰·拉斯金也曾经说过，建筑材料的色彩是建筑唯一的色彩。建筑表皮依赖建筑材料，建筑材料也能展现建筑表皮。建筑表皮是不能脱离建筑材料而存在的，我们不能抛弃材料而抽象地去谈建筑的表皮关系。建筑饰面材料的作用除了保护建筑主体和满足使用功能之外，很重要的一点就是形成建筑物的艺术形象。通过饰面材料、色彩和质感，使建筑物外观蓬荜生辉、达到完美的视觉效果。建筑表皮如何搭配的问题很多时候就是建筑饰面材料如何组合的问题，建筑材料种类多样化，使得表皮组合方式丰富，很好地满足了我们对建筑表皮的视觉感知要求。色彩大师吉田真吾先生这样评价色彩与材料的关系："色彩本身并不存在美丽或丑陋。主要的问题是如何运用表皮。通过调查地区具有创意的表皮，着色师就可以提取出地区所寻求的表皮，并将其与恰当的形状和材料相结合，以表达一种具有创造性的、美好的环境”[①]。

建筑饰面材料主要分为两种，一种是天然材料，一种是人工材料。天然材料是指取自天然，经过人工加工之后依然保持材料的天然性质的建筑材料，如天然石材、木材等，天然材料比较柔和含蓄、层次丰富。人工材料是指在自然界中本身不存在，经过各种技术手段生产出来的，如人造石材、玻璃等。早期建筑大多是当地可取的天然材料，建筑的色彩也一般都是来源于材料本身的色彩。西方古代埃及的金字塔、古罗马圆形大剧场、帕特农神庙等都是天然石材修建的，这些伟大的建筑与环境融为一体，至今展现给我们的面貌依然是建筑材料的本色（图 3-5 所示）。

早期的建筑一般依赖本地区的常见建筑材料，日本盛产木材，所以使用的早期建筑材料一般是木材，建筑表皮的色彩就是建筑材料的颜色。日本建筑表皮的选择都是灰色的石子和瓦砾，这些共同形成了日本建筑的自然色系。瓦和砖在中国也很早被发明，徐州的传统民居户部山（图 3-6 所示），很好地反映了建筑材料本身的颜色。现代建筑在选择建筑表皮的时候比较多样化，随着科学技术的进步，各项工艺不断提高，建筑材料相续更新改革，建筑形式和色彩的多变成为必然趋势。现代建筑最常用的建筑外部材料主要是：饰面砖、石材、木材、涂料、金属压型板和玻璃制品等，每一种色彩都是建筑色彩最直接的体现。

材料的质感与色彩的表现有密切关系，材料的质感对光的吸收和反射影响很大，因此也直接影响到建筑的色彩。玻璃、不锈钢、抛光砖等光洁面的材料对光的反射率接近 100%，因此我们看到的往往不是材料本色而是材料对周围环境映像的色彩。粉刷类的材料如涂料表面细腻，对光的反射和吸收都比较均衡，因此展现出来的色彩一般是

---

① [美]哈罗德·林顿编著．谢洁，张根林译．建筑色彩——建筑、室内和城市空间的设计[M]．北京：中国水利水电出版社 .2005.

图3-5　帕特农神庙（图片来源：作者自摄）

图3-6　徐州市户部山传统民居（图片来源：作者自摄）

图3-7　马赛公寓
（图片来源：http://images.google.cn）

材料的固有色。毛石、混凝土等表面粗糙、甚至凹凸不平，对光的吸收和反射不均匀，凹进去的部分会有深色的影子，会使固有色加深。材料的质感对建筑的风格特征有直接的影响，在现代居住建筑中要充分运用材料的质感来表现色彩，塑造建筑个性。成熟的建筑师往往善于用材料的质感来表现建筑风格和特点，如勒·柯布西耶，他著名的代表作马赛公寓（图 3-7）：肥硕而粗糙的底柱，未经加工的粗面混凝土表面，夸张的色彩，整个粗野外观给人强烈的视觉效果。

4　徐州市建筑色彩的现状调研分析

4.1　徐州市城市特性认知

4.1.1　自然地理环境

1. 地理条件

徐州市位于江苏省西北部，苏、鲁、豫、皖四省交界处，地处我国东部沿海地区的中部、沿海开放地带与亚欧大陆桥和环渤海经济区与长江三角洲经济区的结合部，由于其特殊的地理位置，徐州俨然成为淮海经济区的中心城市，以及江苏省三大都市商圈的核心（图 4-1）。

徐州市“东襟淮海，西接平原，南屏江淮，北扼齐鲁”，素有“五

图4-1　徐州市区位图（图片来源：《徐州市城市总体规划（2007-2020）》）

省通衢”之称。京沪铁路、陇海铁路在此交汇，京杭大运河傍城而过贯穿南北，公路四通八达，北通京津，南达沪宁，西接兰新，东抵海滨，为我国重要水陆交通枢纽和东西、南北经济联系的重要“十字路口”。

2. 气候条件

徐州市位于中纬度地区，属暖温带季风气候区，受东南季风影响较大。主要气候特点是：四季分明，其中春、秋季较短，冬、夏季较长，光照充足，雨量适中，雨热同期。春季天气多变，夏季高温多雨，秋季天高气爽，冬季寒潮频袭。

3. 植被条件

徐州市是国家园林城市以及国家森林城市，市区绿化覆盖率达到42%以上。城市绿化较好，其中以云龙湖风景名胜区为代表，植被多且种类丰富，色彩丰富多样，自然景观舒适优美（图 4-2）。

图4-2　云龙湖风景名胜区景观
（图片来源：作者自摄）

4. 特质景观

徐州市是个“山包城、城包山”，山清水秀，风景迷人的山水古城，山水景观是徐州市最主要的特质景观。城市四周群山连绵起伏，大运河、故黄河、奎河等河流蜿蜒穿城而过；云龙湖如明珠镶嵌城中，呈现出“群山环抱、一脉入城，两河相拥，一湖映城”的自然特色（图 4-3）。

山体：徐州市区周围冈岭起伏，群山环绕，北有楚王山、九里山、铜山、荆山、龟山等；东有广固山、子房山、骆驼山、狮子山；南有云龙山、韩山、卧牛山等；只有西面为平川。徐州山体大都不高，坡度较缓，部分山体距离城市的建筑群比较近，很好地成为城市色彩大背景（图 4-4）。

图4-3　徐州城市山水格局（图片来源：《徐州市城市空间特色研究》）

图4-4　徐州山体景观（图片来源：作者自摄）

水体：徐州市区内有多条河流湖泊，如故黄河、奎河、玉带河、荆马河、房亭河、云龙湖、微山湖、九里湖、京杭大运河等，水质良好，其中云龙湖、微山湖、京杭大运河、故黄河等湖泊河流具有较好的生态景观（图 4-5）。

图4-5 徐州水体景观（图片来源：作者自摄）

通过对徐州城市特性的分析，总结出徐州市城市地理气候环境对城市色彩的影响主要体现在以下几个方面：

（1）周边地理条件优越，形成了较好的自然风景，城市的大背景由山水映衬，建筑的尺度和色彩在近山水处应考虑它们的协调。

（2）属温带气候区，相对偏好中性色和暖色，材料上也偏好中性材料。

（3）阳光充足，雨量适中，色彩容易显现。在材料的选择上，考虑夏季当地的降雨量大，应选择耐久性的材料。

（4）空气具有较好的透明度，干净清新。

（5）徐州水体对建筑的影响：故黄河沿岸应考虑建筑色彩之间的协调性，建筑立面注意连续性，故黄河具有一定的历史性，所以在城市设施和景观建筑中应考虑地方特色的建材；而云龙湖周围建筑，在建筑色彩上应该偏向素雅为主，建筑尺度不宜过大，注意主次关系。

4.1.2 历史文化环境

历史文化是一座城市的文化积淀的重要体现，它直接反映了城市的面貌和特征，对城市的色彩景观特征有着极为重要的影响。

徐州历史上为华夏九州之一，自古便是北国锁钥、南国门户、兵家必争之地和商贾云集中心。徐州历史悠久，有超过 6000 年的文明史和 2600 年的建城史，是著名的千年帝都，有“九朝帝王徐州籍”之说。徐州是两汉文化的发源地，中国佛教的发源地，有“彭祖故国、刘邦故里、项羽故都”之称，因其拥有大量文化遗产、名胜古迹和深厚的历史底蕴，而被国务院批准为历史文化名城。

1. 两汉文化

徐州是汉刘邦的故里，早自上古春秋时期即是兵家必争的军事重镇，所以在 400 多年的整个汉王朝中，徐州都具有特殊的政治地理位置。当年刘邦统一天下设徐州为楚国、其弟为楚王，尔后又先后册封

图4-6 徐州两汉文化遗产（图片来源：作者自摄）

了十八代楚王，400 多年来政局稳定，风调雨顺，经济繁荣，战乱较少，留下了大量的文化遗产，这使徐州成为历史文化名城，它们在全国文物宝库中也占有重要地位。其中以汉墓、汉画像石、汉兵马俑为代表的“汉代三绝”名扬海内外（图 4-6）。

2. 军事文化

根据史料统计，4000 多年来，发生在徐州及其周围较大的战争就有 200 余起，平均每二十年就有一起较大的战争。这在我国城市当中，是极为罕见。“自古彭城列九州，龙争虎斗几千秋”，至今有关徐州古战场遗址触目可见。九里山作为古战场的见证和徐州市的天然屏障，

图4-7　徐州军事文化遗迹（图片来源：作者自摄）

巍然屹立。其他如戏马台、吕布射戟台、曹操斩吕布的白门楼、关羽被困的土山、南北朝时期吕梁大战的吕梁、淮海战役遗址等（图 4-7）。

3. 彭祖文化

徐州古称彭城，起源于彭祖及他所建立的大彭氏国。彭祖，姓钱名铿。据《史记·楚世家》载，彭祖是黄帝的后裔，颛顼的玄孙，是我国烹饪界公认的鼻祖。彭祖文化是徐州垄断性的文化资源，迄今为止，坐落于西边的彭氏聚居的彭山和大彭镇，坐落于南边的彭祖楼依旧气势壮观，纪念彭祖的彭园和彭祖祠也依旧人山人海，所留下来的饮食文化、养生文化等大量宝贵的文化流传民间，成为宝贵的非物质文化遗产。

图4-8　徐州彭祖文化遗址（图片来源：作者自摄）

4. 东坡文化

北宋熙宁十年（1077 年）秋，苏轼到徐州任知府，在徐州任职一年零 11 个月。此间，抗洪水、挖煤炭、抓冶铁、造兵器、劝农桑、修水利、建黄楼、兴旅游，并留下了 330 多篇描绘古彭山水人事的诗文佳作，为徐州留下宝贵的文化财富。除了留下的诗文外，还形成了许多著名的人文景观，如放鹤亭、饮鹤泉、东坡石床、显红岛、快哉亭等（图 4-9）。

5. 宗教文化

徐州寺庙众多，佛事兴隆，尤其以教种齐全而著称。始建于北

图4-9　徐州东坡文化遗址（图片来源：作者自摄）

图4-10　徐州宗教文化遗产（图片来源：作者自摄）

魏年间的兴化寺香火兴旺，这里曾是我国东部地区佛教的源头，北魏石佛、隋唐摩崖石刻均为稀世珍品；徐州还是道教的发源地，道教始祖张道陵祖籍徐州丰县；天主教“圣心大教堂”是全省最大的教堂（图 4-10）。

6. 民俗文化

徐州民俗文化资源丰富多彩，源远流长。戏曲文化荟萃，有柳琴戏、梆子戏、徐州琴书、徐州大鼓等。糖人、泥玩具、剪纸、农民画、面人、木雕、石刻、彩灯、纸扎、草编柳编、印花蓝布、皮毛动物等民间手工艺术流传至今（图 4-11）。徐州的户部山民居是本区域内为

图4-11　徐州民俗文化遗产（图片来源：作者自摄）

数不多、保存较好的明清古民居群，成为大院文化研究的热点；丰富多彩的庙会资源和故黄河沿岸的民俗表演成为形象地展示徐州地区淳朴的民俗、民风的舞台。

4.1.3 城市定位与城市格局

1. 城市定位

城市定位是指在社会经济发展的坐标系中综合确定城市坐标的过程。城市定位主要从三个层面出发：一是城市在不同领域的社会经济地位的确定，二是城市产业发展定位的确定，三是城市发展特色的确定。在此我们着重探讨第一层次，即城市在不同领域社会经济地位的确定，包括空间区位、社会文化、经济分工等相互关系。

在《徐州市城市总体规划（2007-2020）》中将徐州城市发展定位为"全国重要的综合性交通枢纽、区域中心城市、国家历史文化名城及生态旅游城市"。

（1）徐州是我国重要的交通枢纽城市，目前已经初步形成了陆、空、河立体交叉的交通综合体系，这在淮海经济区内具有独一无二的交通优势。

（2）徐州的地理位置恰好处于欧亚大陆桥与东北亚经济圈和环黄渤海经济圈的切点上，是两大国际经济区域的结合部；徐州处在我国重点发展的沿海轴线中部，优越的地理位置使徐州成为淮海经济区及陇海兰新经济带的中心城市。

（3）徐州是国家历史文化名城，又是国家优秀旅游城市，既有丰厚的文化底蕴，又有美丽的自然风光。徐州的两汉文化在全国具有绝对优势，战争文化具有国内比较优势，彭祖文化在国内具有垄断性和独特性。

这些定位将在很大程度上影响城市建筑色彩的设计和规划。而徐州的城市发展定位则着重强调城市的中心性以及历史文化特性，徐州在城市建设的过程中，要在满足徐州作为现代化大城市品质要求的基础上提升城市的特色性，要突出徐州自然山水和历史古迹的特色性，塑造一个休闲、浪漫、时尚的现代城市。

徐州作为一个功能多样、结构复杂的大城市，要有重点地体现城市特色，要尊重城市发展计划和不同区块的现有条件。这就需要科学地制定适合徐州城市特色和发展需要的城市建筑色彩规划方案，用建筑色彩规划指导徐州的建筑用色，打造出符合徐州城市发展定位的城市景观。

2. 城市格局

徐州城市发展从改革开放以后进入高速发展时期，尤其 90 年代至今是徐州城市经济发展最快的时期，也是城市空间环境形态发生根本性变化的时期。

徐州城市格局的演变过程大体可以分为四个阶段：

（1）20 世纪初，随着陇海和津浦两条铁路的开通，徐州城市逐渐沿铁路两侧开始蔓延发展，城市发展中心也向东偏移。

（2）20 世纪 50 ～ 70 年代间，伴随着国家投资力度的加大，徐州城北和城南也分别建设了工业区、居民区、铁路仓储区、编组场区，以及办公区和居住区。

（3）改革开放后至 90 年代，徐州城市不断扩张，分别从西部、南部、北部扩展城市空间，进入“星状结构”及其填充期。

（4）从 90 年代初至今，徐州先后建设“徐州金山桥经济技术开发区”和“铜山经济技术开发区”，经济、文化、政治等各个方面全面发展，和谐有序（图 4-12）。

《徐州市城市总体规划（2007-2020）》中确定徐州未来城市发展的方向以向东和东南方向为主，控制向西北发展，严格限制向西南发展，未来将形成“双心、五片区”的城市发展格局，“双心”和“五片区”之间利用自然山体、河流、林地等绿色空间和铁路为自然边界。

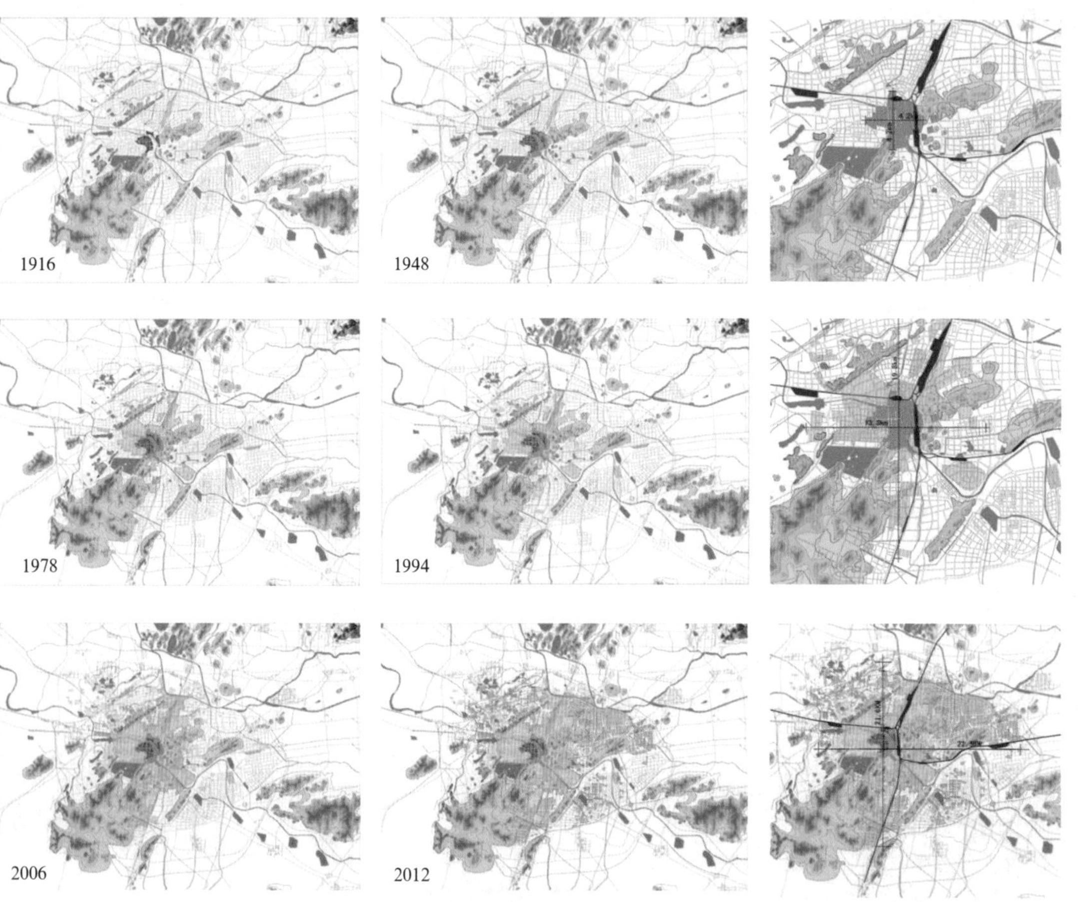

图4-12　民国时期至今徐州城市格局演变图（图片来源：徐州市规划局）

“双心”为老城区中心和新城区中心，分别承担着城市商业中心和城市行政、商务中心的职能。

“五片区”为金山桥片区、坝山片区、翟山片区、九里山片区、城东新区五个片区，承载了徐州经济技术开发和工业制造、居住和教育科研、休闲和轻工业及仓储物流的功能（图 4-13）。

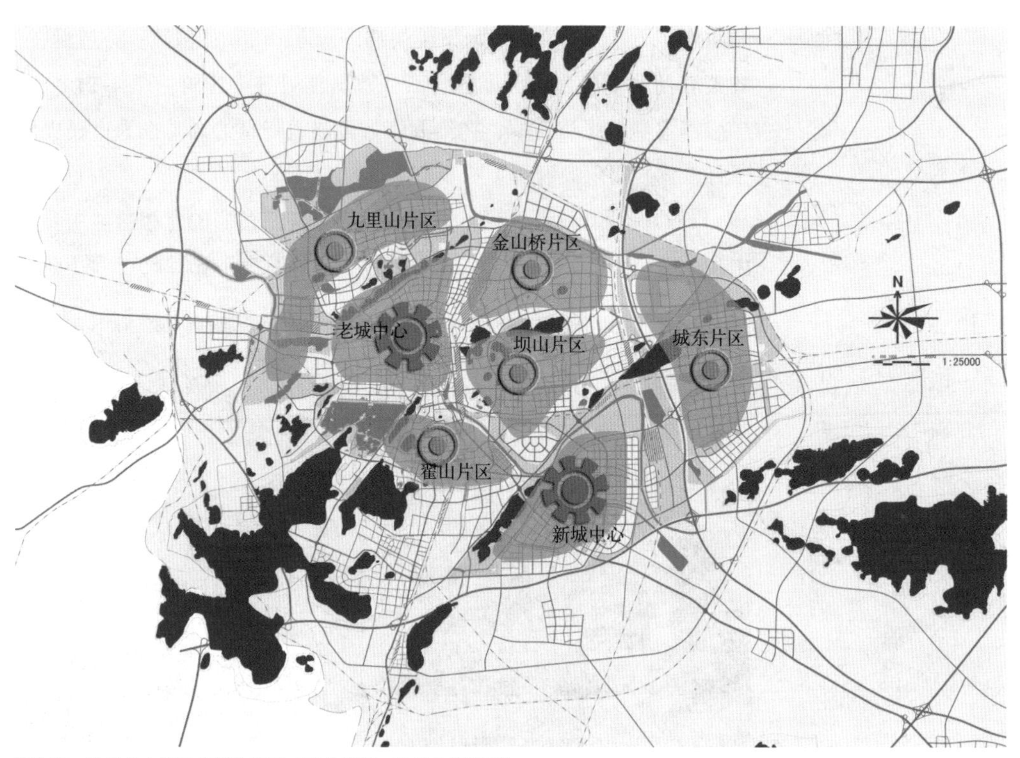

图4-13　徐州市主城区空间结构图（图片来源：徐州市规划局）

4.2　徐州市建筑色彩调研

为了了解目前徐州建筑色彩的组成，笔者对能够代表徐州市景观特征的区域，例如“黄河故道沿岸”、“云龙湖周边”、“户部山周边”、“新城区”、“经济技术开发区”、“市中心重点区域”等片区进行了重点调研和统计，对徐州目前的建筑色彩进行了分析。

4.2.1　黄河故道沿岸

徐州市黄河故道，从西北向东南流经徐州市区。徐州的黄河河道自明代万历年间一度是黄河下游的唯一河道，决口于清代。故道沿岸，齐聚着商业金融、商务办公、商住、居住等各类建筑（图 4-14）。沿岸绿意盎然的绿植花草，在给人们带来温润气息的同时也为市民提供了日常休憩娱乐的场所（图 4-15）。

通过调研和统计发现，黄河故道沿岸建筑色彩的色相虽然主要集中在 10R（红）~ 5Y（黄）的暖色系范围内，但在 G 系（绿）、B 系（蓝）、

图4-14　各类功能与规模的建筑林立的黄河故道沿岸（图片来源：作者自摄）

图4-15　沿河伫立的明快沉稳的住宅群（图片来源：作者自摄）

PB 系（蓝紫）等冷色系方面也均有分布。区域内建筑色彩的明度基本集中在 4.0 ~ 9.0 的中、高明度范围内，但其中也有一些建筑运用了 3.0 以下的低明度色。区域内建筑色彩的艳度基本分布在 0.5 的低艳度色到 9.0 的高艳度色范围内，街道两旁的居住类、商业类、文教类等各类功能建筑中均有破坏景观的高艳度色存在（图 4-16）。

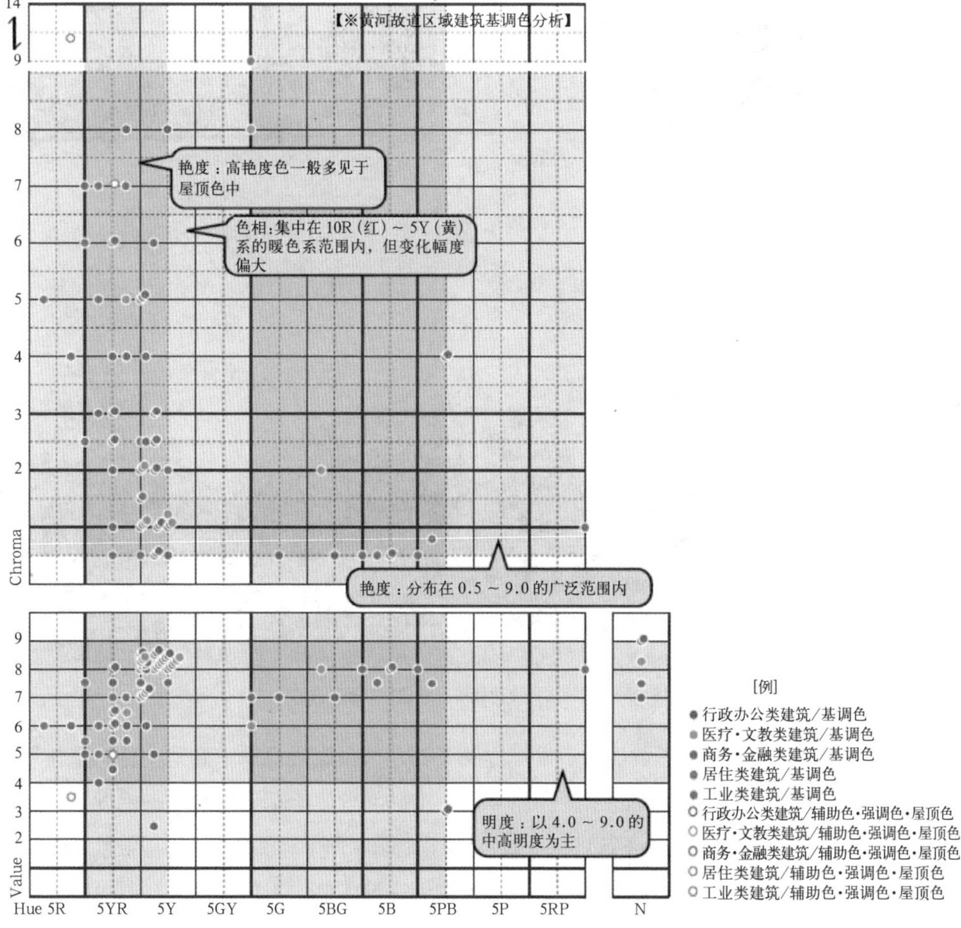

图4-16　黄河故道沿岸建筑基调色分析（图片来源：徐州市规划局）

图4-17　采用高艳度色为基调色的建筑（图片来源：作者自摄）

图4-18　采用高艳度色作为屋顶色的建筑（图片来源：作者自摄）

黄河故道沿岸建筑基调色基本属暖色系中高明度色，整体形成一种明快的景观印象。但是沿岸部分建筑基调色使用高艳度色，在绿树繁茂的沿岸景观中过于突出，破坏了沿岸景观的整体连续性（图 4-17）。另外沿岸部分低层建筑使用高艳度色作为屋顶色，与明净的天空色形成过于强烈的对比，影响了沿岸景观的整体和谐（图 4-18）。

4.2.2　云龙湖周边

云龙湖周围群山环绕，风景如画，是徐州市重要的景观资源。沿湖周边矗立着众多高层住宅与多层住宅（图 4-19），同时餐饮、住宿等各类设施也云集其间。云龙湖周边的高层住宅大多采用高明度色，充分展现了徐州市明快现代的都市面貌。

通过调研和统计发现，云龙湖周边建筑色彩的色相虽然基本集中在 5R（红）~ 5Y（黄）的暖色系范围内，但在 G 系（绿）、B 系（蓝）等冷色系中也均有分布。区域内建筑色彩的明度基本集中在 4.0 ~ 9.0 的中、高明度范围内，形成一种明快的印象。区域内建筑色彩的艳度分布在 0.5 的低艳度色到 8.0 的高艳度色范围内，居住类或商业类建筑中均出现了采用高艳度色的情况（图 4-20）。

图4-19　云龙湖周围林立的高层建筑群（图片来源：作者自摄）

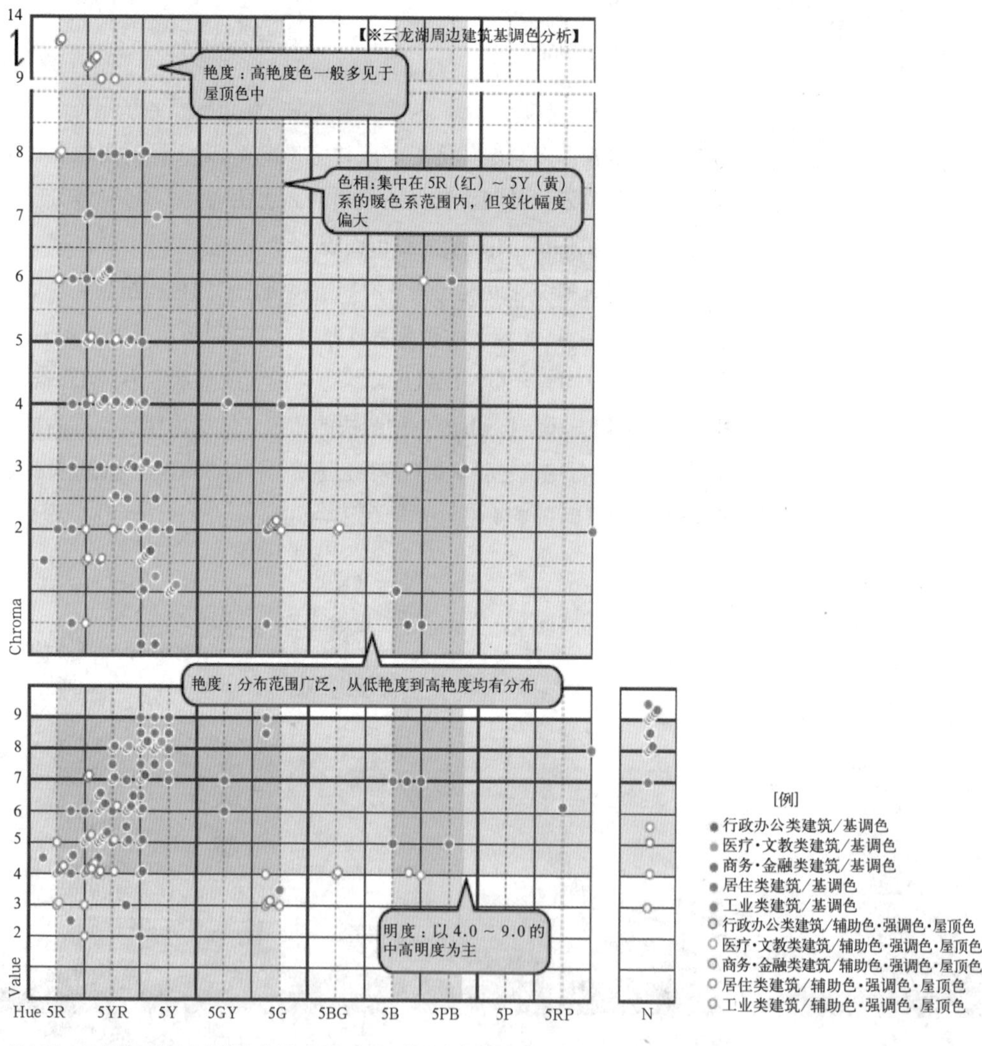

图4-20　云龙湖周边建筑基调色分析（图片来源：徐州市规划局）

云龙湖周边建筑基调色也基本集中在暖色系中高明度色的范围，但也存在部分建筑基调色使用冷色系的色彩，这在自然景观中给人一

图4-21　使用冷色系作为基调色的建筑（图片来源：作者自摄）

图4-22　采用高艳度色作为屋顶色的建筑（图片来源：作者自摄）

种缺乏亲切感的人造生冷印象，与周围的建筑环境无法协调（图 4-21）。另外也存在部分建筑使用高艳度的屋顶色，在远景视距内景观多为中低艳度的情况下显得很不协调，过于醒目扎眼（图 4-22）。

4.2.3　户部山街区

户部山街区位于徐州市中心区，街区内较好地保存了明清时代的民宅等建筑。街区内建筑采用灰色的砖作为基调色，形成了沉稳而有韵味的街区景观（图 4-23）。历史建筑保护区周边的商业街中，众多仿传统建筑样式建造的建筑造型、用色与材质皆较为成功，呈现出古韵盎然的历史风情，再加上熙攘的人群，成功营造出繁华热闹的古商业街氛围，堪称徐州市城市特色景观建设的成功范例（图 4-24）。

图4-23　呈现低艳度色的砖与石材营造出的印象沉稳质朴的街区景观（图片来源：作者自摄）

图4-24　成功重现历史街区风貌的户部山商业街（图片来源：作者自摄）

通过调研和统计发现，户部山街区建筑色彩的色相集中在狭窄的 10YR（橙）~ 2.5Y（黄）的暖色系范围内，这些色彩主要是那些被指定为保护区内受特殊保护的旧式民居的外墙色，即呈现出橙黄色印象的砖灰色。此外，周围的住宅基调色大多使用 N 系（黑、白、灰）色彩。区域内建筑色彩的明度基本集中在 4.0 ~ 8.5 的中高明度范围内，其中保护区内的建筑色彩明度主要集中在中明度的 4.0 ~ 6.0 范围内。区域内建筑色彩的艳度主要集中在低艳度的 1.0 ~ 2.0 范围内，属沉稳安定的色调（图 4-25）。另一方面，戏马台上一些建筑的基调色却使用了艳度相对较高的色彩，绿树掩映下，形成了地区标志性建筑。

户部山街区建筑基调色的色相集中在非常狭窄的暖色系范围内，形成了比较统一的区域景观。建筑外墙采用色调温润的石、砖等品质感出众的建材，营造出品质高雅、古意盎然的历史景观。但目前街区周边出现了部分过分采用高艳度色的高层建筑群，这严重破坏了历史景观应有的沉稳淡雅氛围（图 4-26）。

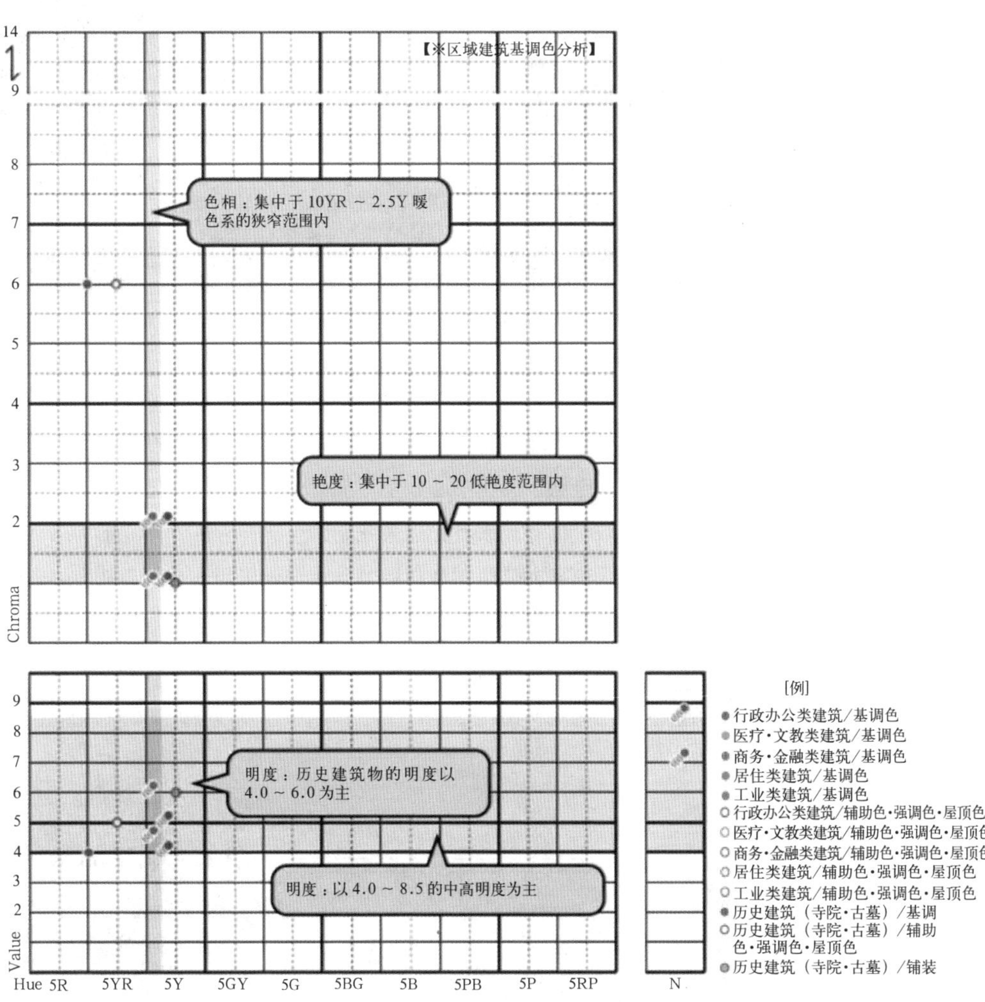

图4-25　户部山街区建筑基调色分析（图片来源：徐州市规划局）

图4-26　从户部山街区远眺可见的采用高艳度色的高层建筑（图片来源：作者自摄）

4.2.4　新城区

徐州新城区位于徐州市城市的东南部，是徐州市的行政中心及区域性的商务、金融、文化中心，是形成徐州市“双心”之一的重要组成部分。从区域整体布局来看，以大龙湖为生态核心区，东北部为居住生活区，中部为商务办公组团和商业、居住综合组团，东部为教育科研组团，南部为居住生活区，西南为物流、生活综合组团。经过几年的建设，新城区呈现出蓬勃发展的良好态势，具备浓郁的现代化气息（图 4-27）。

图4-27　徐州新城区（图片来源：作者自摄）

通过调研和统计发现，新城区建筑色彩的色相基本集中于 2.5YR（橙）~ 5YR（橙）的暖色系，或者无彩色的 N 系（黑、白、灰）范围内。其中，暖色系色彩多出现在住宅类建筑中，而 N 系色彩则多出现于行政办公类建筑中。区域内建筑色彩的明度集中于 3.5 ~ 8.0 的中高明度范围内，给人或稳重或明快的舒适印象。区域内建筑色彩的艳度基本集中在 4.0 以下的低艳度范围内，给人温和沉稳的印象（图 4-28）。

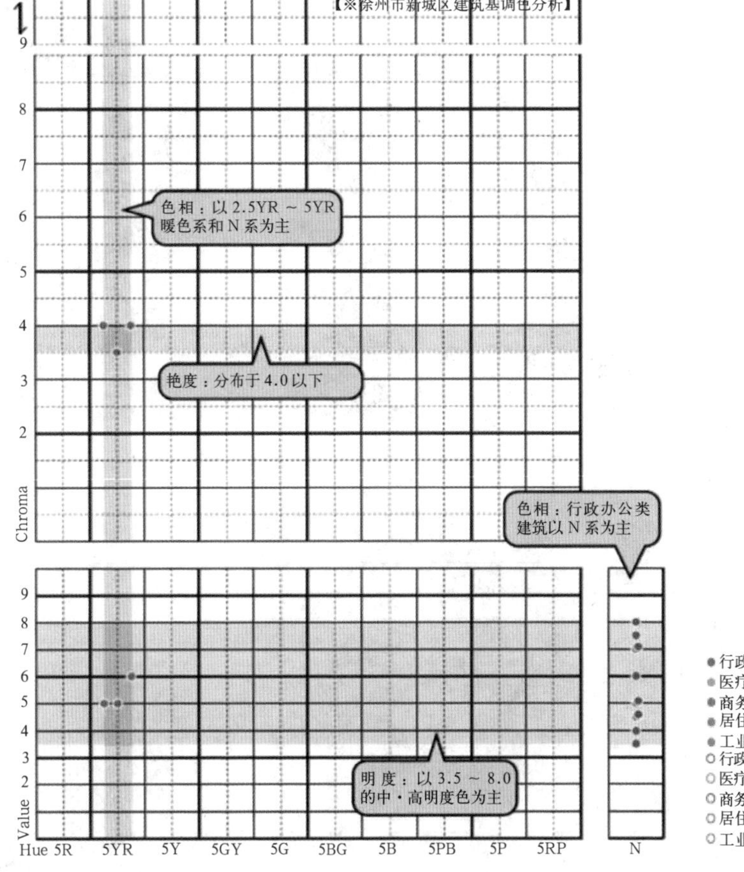

图4-28　徐州新城区建筑基调色分析（图片来源：徐州市规划局）

新城区建筑基调色集中在暖色系色彩范围内，且色彩变化幅度较小，同时也存在不少 N 色系（无彩色）色彩，整体组成了色调温和、色系清晰的区域景观。以新市政府大楼为代表的行政办公类建筑多采用石材和玻璃等建材，构建出现代感强烈、品质卓著、沉稳大气的景观（图 4-29）。住宅类建筑基调色采用温和的暖色系色彩，给人一种稳重印象（图 4-30）。

图4-29　利用玻璃等建材展现行政办公类建筑的时代感（图片来源：作者自摄）

图4-30　使用花砖呈现出稳重典雅印象的低层住宅群（图片来源：作者自摄）

4.2.5 经济技术开发区

徐州市经济技术开发区（金山桥片区）位于徐州市城市的东郊，是徐州市主要的技术与工业开发区。从区域整体布局来看，西部为工业区，东部为居住区和部分工业。其中工业区中集中了包括工程机械、钢铁、物流等大批大型企业，这些企业中拥有众多大体量的办公楼、厂房、锅炉、烟囱、吊车等建筑物、构筑物与设施，组成了整个开发区的主要景观面貌（图 4-31）。

通过调研和统计发现，经济技术开发区建筑色彩的色相集中于 5YR（橙）~ 5Y（黄）的暖色系和 10BG（蓝绿）~ 5PB（紫蓝）的冷色系范围内。其中暖色系色彩包含住宅类建筑与工业类建筑，而冷色系色彩基本专属于工业类建筑。区域内建筑色彩的明度以 6.0 ~ 9.0 的中高明度色为主，并且马路两侧建筑中随处可见明度 8.0 以上的高明度色，使得区域景观明快活跃。区域内建筑色彩的艳度以 3.0 以下的低艳度色为主，但同时有部分工业类建筑使用了高艳度色彩分析（图 4-32）。

图4-31　徐州经济及开发区（图片来源：作者自摄）

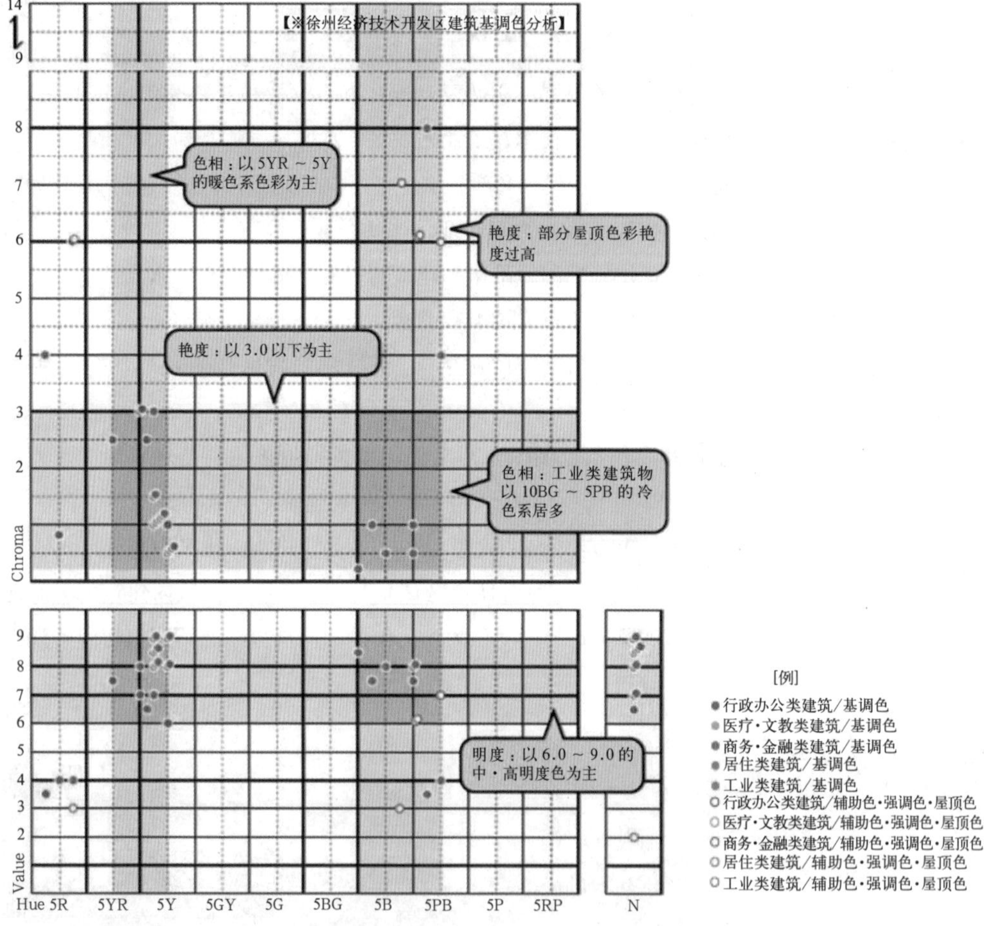

图4-32 徐州经济技术开发区建筑基调（图片来源：徐州市规划局）

经济技术开发区内居住类建筑基调色主要集中在暖色系范围内，协调感比较强（图 4-33）。工业类建筑基调色多采用冷色系色彩，人造印象过于强烈（图 4-34）。另外以山体为背景的工业类建筑采用冷色系色彩作为基调色，也会造成自然景观与人工景观间的不协调（图 4-35）。

图4-33 使用高艳度色进行点缀的住宅楼（图片来源：作者自摄）

图4-34 玻璃窗采用冷色系色彩的企业办公楼（图片来源：作者自摄）

图4-35 使用强冷色系进行点缀的工厂与背后的山体景观形成鲜明对比（图片来源：作者自摄）

4.2.6 市中心重点区域

徐州市的市中心绿树如茵、风景怡人，自然环境舒雅精致，显见城市建设者的良苦用心（图 4-36）。在这如画般的自然环境中，车水马龙的街市中，鳞次栉比、富丽时尚的各种商业楼、写字楼、酒店等耸立其间，展现出苏北经济圈核心城市繁荣兴旺的魅力景观（图 4-37），其中尤以淮海路、建国路、解放路、中山路几条主要干道及彭城广场为代表。

图4-36 从云龙山上远眺市中心，高楼林立、绿意生生（图片来源：作者自摄）

图4-37 徐州市中心繁华景象（图片来源：作者自摄）

通过调研和统计发现，市中心重点区域建筑色彩的色相虽然多集中于暖色系范围内，但也出现不少冷色系色彩。区域内建筑色彩的明度以 4.0 ~ 9.0 的中高明度为主，使得区域印象较为明快活泼。区域内建筑色彩的艳度基本集中在 6.0 以下，使得区域整体景观印象沉稳（图 4-38）。

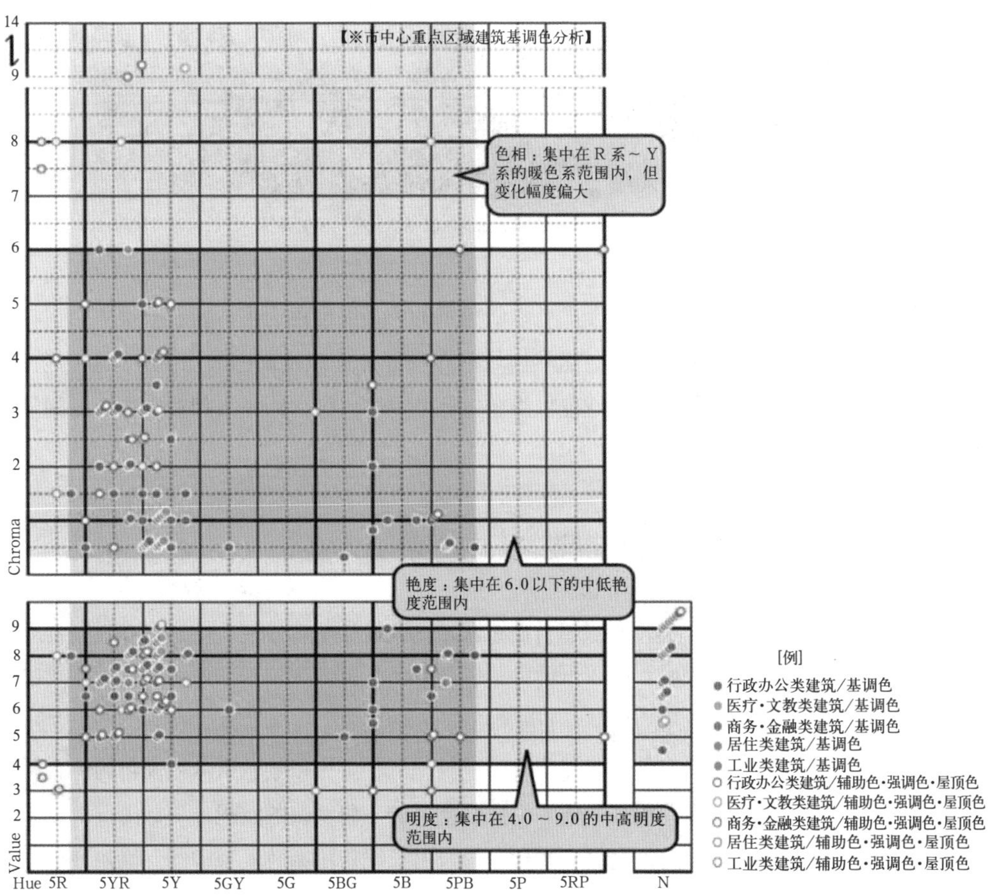

图4-38　市中心重点区域建筑基调色分析（图片来源：徐州市规划局）

图4-39　基调色采用冷色系低艳度色的印象轻松活泼的建筑（图片来源：作者自摄）

区域内基调色以暖色系的中高明度色为主，构成了整体明快新丽的景观印象。虽然区域内存在部分建筑基调色采用了冷色系的色彩，但是由于将艳度控制在较低范围内，因而构建出相对轻松活泼的景观印象（图 4-39）。

4.3　徐州市建筑色彩评价

通过对徐州市重点区域的调研，笔者发现在徐州城市不断发展的过程中，徐州对城市建筑色彩的认识得到了不断地提升，整体区域空间色彩的控制得到提高（图 4-40）。

目前，徐州市内的建筑基调色主要以暖色系低艳度色为主，沿河或沿湖周边形成了中高明度色的印象明快的景观，户部山及新城区建筑适度控制采用建材，营造出了统一协调的景观印象。徐州城市建筑色彩的整体感虽有一定的改观，但同时也存在一定的问题：例如城市

图4-40　徐州城市建筑色彩（图片来源：作者自摄）

中新建立起来的建筑单体，由于没有进行合理的规划而过分地进行网格化分割，导致各建筑单体之间立面色彩和相互关系都显得孤立、无序、混乱。其现状主要表现在以下几个方面：

（1）传统建筑色彩迅速萎缩，新建筑色彩体系未形成。

改革开放后，伴随个性的解放以及意识形态等诸多领域的破冰解冻，使人们逐渐摆脱了束缚，对色彩的自由运用也得以实现，当然这也必然会引起许多负面影响。而今形体庞大、色彩多样的建筑形式代替了原来城市中绝大部分的富有传统色彩的建筑，在新建筑与旧建筑之间没有建立一种和谐与平衡，导致如今城市局面矛盾重重，尤其是历史遗存与新建筑之间的冲突性最为明显。

在这种大的环境背景下，徐州的城市建筑色彩同样也存在着类似的问题。面对经济建设快速发展和人们改善住房条件的需要，大量传统建筑被拆除后建设高层现代楼房，建筑色彩也从原来的砖青色、砖红色为主，迅速向以黄色、白色、灰色、蓝色、橘黄、红色等为主的色彩体系演变。这在很大程度上是因为城市缺乏建筑色彩规划，颜色的使用混乱且冷、暖色调体系并存，使城市原有的地域文化特色及个性不复存在。

（2）色彩语言运用雷同，缺乏地域文化特色。

每一个历史文化丰厚的城市都有他自己的故事，而城市色彩和城市的历史一样悠久，从侧面反映着城市的历史，城市的文化随着时间的积淀慢慢沉淀，沉淀出意蕴悠久的色彩，这是任何材质都无法涂染的颜色，是历史文化的载体，是民俗文化的反映，以独特的手段反映了地方的地理、人文、修养等，应当充分考虑当地的历史文化背景。

在经济条件的支撑下，社会科技不断进步，随着新技术、新工艺、新材料的应用与普及，人们在色彩运用方面更加大胆与自由；然而现代技术的发展与传播在为人们带来优越感的同时也带来了负面效应，城市与城市之间的发展与交流相互渗透，相互融合，在建筑色彩方面也都相互效仿，很多人会有这样的感觉，所有的城市都是相同的样貌和色彩。这种趋势在徐州也表现得尤为强烈，尤其是在公共建筑的色彩设计中。当前，徐州的写字楼大都采用色彩与材质相似的玻璃幕墙结构，商业建筑色彩也大同小异，建筑的辨识度都很低。徐州城市面貌与其他城市越来越相似，城市的地域文化特色逐渐被抹去，留下的只是色彩越来越雷同的城市建筑。

（3）缺乏整体的规划与设计，影响区域建筑色彩的协调性。

如今的城市建筑常常具有主观性，因其功能或开发商个人偏好等主观因素的不同是色彩千变万化。为突出建筑个性，不少建筑设计师也更多紧盯单个建筑，这种只关注一个单体最终导致与周围的环境不协调的现象。很多城市的部分区域往往因此被涂成了“大花脸”，致使城市色彩杂乱破碎，没有整体性，缺乏统一的色彩韵律。

图4-41　舜禾公寓建筑色彩和周围建筑对比（图片来源：作者自摄）

徐州的建筑色彩在这方面存在着较多的问题，很多新建项目在建筑色彩的设计上并没有考察周围建筑色彩使用的情况，仅仅从自身的喜好出发去选择建筑色彩，造成建筑之间的色彩对比过于强烈，使整个区域的建筑色彩整体视觉混乱。例如夹河街中段的舜禾公寓，建筑色彩采用黄色与红色的组合（图 4-41），颜色艳丽，与周围的白色、青灰色、浅黄色的居住建筑形成鲜明的对比，影响了整个街区建筑色彩的和谐。

徐州的这类问题还集中在一些商业类建筑的外立面改造和一些老小区建筑立面的重新粉刷后所形成的建筑色彩差异（图 4-42）。这类建筑一般建设时间都比较早，建筑色彩陈旧，在重新利用和改造中建筑色彩使用的监管较松，建筑色彩跳跃，严重影响了建筑区域环境品位的提升。如彭城路宽段的一个商业临街建筑的改造（图 4-43），业主将建筑外立面色彩改为颜色彩度很高的黄色，使街区建筑色彩环境更加混乱。

图4-42　老小区重新粉刷中的色彩问题（图片来源：作者自摄）

图4-43　商业建筑的不协调色彩（图片来源：作者自摄）

（4）建筑色彩缺乏人本关怀，更多地忽视人的心理感受。

色彩的变化不仅会引起不同物理现象，更会带来不同的心理反应，事实上，通过人们的视觉感受色彩的变化，使人们产生联想、意境、幻觉等，从而产生一系列的生理反应，如冷暖、远近、轻重、大小等。同时，色彩也会使人们产生意象、回忆、憧憬等，从而产生一系列的心理反应，如庄严、轻快、刚强、柔和、富丽、简朴等。尽管受个人因素影响，每个人的经历、色彩的敏感度、色彩的记忆力不同，而对色彩的心理感受有一定的差异，但是大体上是相同的。当我们看色彩时常常想起以前与该色彩相联系的色彩，我们称之为“色彩的联想”。例如红色会使人们联想到火、太阳、血等，也会抽象地联想到热情、活力、危险等。当这种联想的色彩经过几次反复后，人们的心理上就会产生色彩表情固定化倾向，一旦人们看到这个颜色时就会自然地产生相应的色彩心理反应。

色彩本身所具有的特性，决定了色彩是建筑中令人感受最直观、最富有表情的因素。建筑色彩的合理运用，不仅可以起到美化环境的作用，还可以用来优化、调节人的心理状态。而目前徐州很多建筑在色彩选择中很少考虑人们对色彩的心理感受，色彩选择不恰当。例如徐州某学院的宿舍楼（图 4-44），建筑色彩采用纯度和明度都比较高的紫红色，这种色彩给人的视觉形成巨大刺激，强烈的刺激会很快产生视觉疲劳，形成烦躁感觉。

图4-44　某学院宿舍楼建筑色彩（图片来源：作者自摄）

（5）部分区域绿化不足，建筑之间缺乏合适的色彩过渡衔接。

据心理学研究表明，植物绿色大约在人的视觉中达到 75% 左右时，人们的精神和心理才会达到最舒适和惬意的状态。建筑色彩同绿化色彩相互融合，可以创造出和谐统一的色彩效果。例如青岛，它是一个建筑色彩和谐的城市，其重要原因之一就是有着大量的绿树在城市中作为建筑的衬托。在青岛传统的老建筑区被一簇簇浓郁纯粹的墨绿色植物层层包围，这片浓郁的墨绿也成为整个老建筑群的主色调，狭窄的街道，隐约显露的建筑边角，墨绿的背景，造就了青岛老城区独特的生活气息，沉稳不失浪漫，古朴不失高雅。

徐州市部分区域目前就缺乏绿色作为建筑之间的过渡颜色。楼房密度较大，道路的不断拓宽造成绿化率低。尽管近些年徐州市已加强绿化投入，但部分区域仍显不足。以户部山周围建筑景观为例，除户部山上略有树木外，其余地区均是鳞次栉比的建筑，基本没什么树木（图 4-45）。

图4-45　缺乏绿化过渡的城市建筑色彩（图片来源：作者自摄）

5 徐州城市色彩规划控制体系

5.1 徐州城市色彩规划理念与规划思路

5.1.1 徐州城市建筑色彩规划理念

徐州市城市色彩规划，以注重城市未来景观发展为导向，确立了各区域景观构建方针与未来规划图景。在遵循各区域色彩基调的基础上，兼顾城市各类规划要求，明确各区域景观的风貌特征，从而制定出既符合各区域景观特征又不失时代特色的色彩规划。其规划理念可以概括为“景融山水、金玉彭城、色仰古今”，具体涵盖以下两个方面：

一是要构建整体统一又各具区域特色的魅力街景。具体操作应该以暖色系低艳度色为基调，营造整体街区的统一感与连续性相结合。同时，通过符合各区景观特征的色彩表达来体现诸如新城区的先进性、历史街区的独特风情与韵味等不同的区域特色，最终体现出魅力多元化的徐州市城市特征。

二是构建能突出自然美景的街区景观。建筑基调色与地面铺装等的色彩基本以暖色系低艳度色为主，突出建筑与周边自然景观的融合，营造出能够展现四季变化的城市季相景观。

5.1.2 徐州城市建筑色彩规划思路

针对徐州市城市色彩的现状，并依据调查结果和城市的整体色彩评价以及现存的问题，规划提出了由整体到局部的色彩规划思路。

（1）统一全市色彩秩序

统一规划徐州市全市色彩，即保护现有的优良用色，取消过多的艳丽的色彩。徐州市内建筑的整体基调色以暖色系低艳度色或无彩色为主，禁止使用过于艳丽的高艳度色，并适度控制使用低明度色。

例：徐州市天成花园建于 1995 年，其位于徐州市泉山区解放南路西侧，金山东路南侧，中国矿业大学文昌校区西门对面。在徐州市总体城市规划中属翟山北片区，其周边规模较大的居住小区有：风华园、翠湖新语、大学城、泰山嘉园等，较大的公共建筑区有矿西农贸市场商铺、中国矿业大学成教学院等。天成花园周边建筑外立面主色调以中高明度中低彩度的暖白色系为主，色调较为统一。天成花园居住建筑外立面主色调为高明度、高彩度的橘黄色（图 5-1）。

由于建设时间和饰面材料等原因，天成花园居住建筑外立面色彩脱落现象严重，而且小区内公共设施、绿化、道路等缺乏统一的规划和管理，整体呈现出杂乱无章、简陋破败的景观面貌。

目前，天成花园建筑外立面色彩的主要问题一是因气候原因建筑

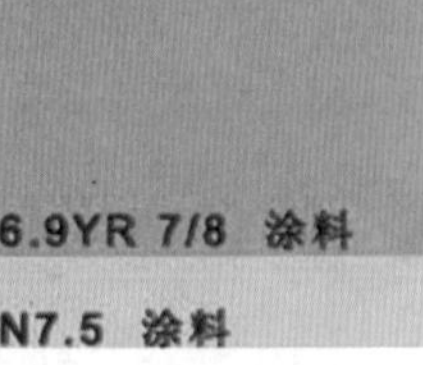

图5-1 某小区建筑立面（图片来源：作者自摄）

外立面饰面材料涂料色彩脱落严重，影响居住环境的美观；二是外立面主色调是色度值为 6.9YR 7/8 的橘黄色，其明度和彩度都过高，色彩过于艳丽和浓烈，既不符合人们对居住建筑色彩的心理和生理要求，也对周围环境色彩的和谐一致造成了一定程度的破坏；第三沿街居住建筑外立面的店面招牌或广告色彩也过于鲜艳，广告牌的形状和尺寸也不统一，给人眼花缭乱的感觉；第四居民私自做的封闭阳台、雨篷、窗台改造、空调机位、防盗网等使建筑外立面在形式和色彩上都呈现出混乱的现象。

（2）发展各区域特色色彩

徐州市内区域各有特性，或明快清新，或沉稳典雅。色彩规划中一定要针对各区域规划方针与景观特性，制定细致的规划准则，保证城市形成整体沉稳统一，各区域又独具个性、富于变化的魅力景观。

例：故黄河沿岸绿化景观丰茂，临桥眺望沿河两岸景观视野开阔。规划宜结合给区域位于市中心的地理特征，营造沉稳安定、清新舒适的沿河景观环境，充分展现四季生机变化，使城市魅力进一步提升（图 5-2）。基调色宜采用中高明度色，营造明快、清新、繁华的景观面貌。

对于故黄河沿岸重要的景观处理方面仍需大力改善，在黄河沿岸依旧存在大量色调明亮、立面破损等影响整体美观的现象，这与塑造

图5-2　故黄河景观区（图片来源：网络）

图5-3　故黄河景观区（图片来源：作者自摄）

和谐美观的重要风景名胜区相背离（图 5-3）。

云龙湖周边群山环抱，整体景观舒雅沉稳，吸引了众多游客。色彩规划中应着重注意云龙湖周边建筑与其后方山体背景间的色彩对比，以突出该区域骄人的自然景观优势（图 5-4、图 5-5）。基调色宜采用中高明度色，营造明快、清新、繁华的景观面貌。

经济开发区内建筑功能繁多，工厂、住宅、商铺等混杂一起，并且随着开发区今后的不断发展与扩张，建筑数量将越来越多，功能类型也将越来越齐全。因此这种复杂性与多样性，决定了色彩规划中必须考虑建筑功能选择建筑色彩，使其与周围倾力营造的自然景观融为一体，构建印象和谐舒适的现代化新兴开发区色彩景观（图 5-6）。

图5-4　云龙湖区（图片来源：网络）

图5-5　户部山景区建筑立面色彩（图片来源：作者自摄）

图5-6　经济开发区景观（图片来源：网络）

市中心主要聚集着办公、酒店、百货、超市等商业类建筑，是全市最繁华的中心地带。另外，正在规划的连通中国沿海的高速铁路将成为徐州市未来的新地标（图 5-7）。这两个区域的现代建筑宜尽量采用玻璃、金属等现代感强烈的建材，构建简洁、现代、时尚的区域景观。

当然，现在市中心区域仍然有不少突兀、不协调的高纯度色调存在，而这些色彩给徐州整体色彩氛围的营造带来了不良的负面影响，例如原来的新一佳购物超市，市中心典型的金黄色古彭大厦等等（图 5-8），因此对市中心建筑立面的改造和城市色彩的统一是必然的，对徐州市整体色调的把握要结合徐州市的固有文化与历史背景，繁华的复杂地段不失传统和地域性色彩是其规划设计的关键所在。

新城区除了新建的行政办公类建筑外，还有很多在建的高层住宅，区域建筑色彩的整体风格沉稳典雅。同时该区域今后还将建设文化教育类建筑等大型公共设施（图 5-9）。因此该区域适合营造沉稳、知性、高品质的景观印象。

城市一般区域中混杂着各种功能的建筑。在色彩规划时应注重各建筑的功能用途，更加不能忽视与周边环境要素的相互协调，营造和

图5-7　市区景观建筑色彩与建筑立面（图片来源：作者自摄）

图5-8　市区杂乱的旧建筑景观建筑色彩与立面（图片来源：作者自摄）

图5-9　新城区行政楼及大龙湖景观（图片来源：作者自摄）

谐统一的区域景观。根据建筑功能规模与设计格局选定相应色彩，营造色彩印象和谐的景观环境。

5.1.3 徐州城市建筑色彩规划方针

徐州市山水资源得天独厚，绿化景观丰郁葱荣，城市整体格调沉稳典雅，在全国同类城市中堪为翘楚。在重点开发的徐州新城等地区，新兴现代的公寓、行政办公、商务金融等各类建筑拔地而起，其新派印象、精巧质地无不彰显着这座城市的活力与品位。通过全面分析测色数据，规划围绕徐州市城市整体格调和现状中存在的色彩运用问题，提出在现有整体水准相对较高的色彩秩序下，宜更好地协调城市公共空间各类景观要素间的色彩关系，因此规划提出十大方针策略：

方针一：古色今用，即建筑基调色应尽量模仿徐州当地历史传统色彩或选择当地历史传统建材建造。

城市中的历史传统建筑均以自然建材为主，而现代建筑多以坚固耐用的现代人工建材为主。人工建材可以随个人喜好与审美自由着色，而历史传统建筑的色彩是随时间变迁，逐年沉积而成的城市地域色与风土色，色彩学中称为惯用色。从保护城市历史传统风貌角度出发，在使用新型建材建造现代建筑时，应尊重传统建筑的惯用色，确保区域景观的和谐相融（图 5-10）。

方针二：原生印象，即徐州市内历史街区或仿古街区周边，应尽量使用富有原生印象的建材。

历史类建筑独有的情趣与韵味绝非色彩能简单表现出的，特别是自然石材、砖等建材历经时光冲刷而形成的独特色彩、花纹与质地更非一日之功。因此在历史街区或建筑周边使用现代建材建造新型建筑时，即便不能整体采用具有传统印象的灰砖、瓦等建造，也要尽量在建筑底层或入口周围，特别是人们视线集中的地方，使用具有传统印象的仿古类建材建造（图 5-11）。

图5-10　方针1色彩基调色、屋顶色对比示例（图片来源：西曼•CLIMAT 环境色彩设计中心）

图5-11　方针2色彩建材示例（图片来源：西曼•CLIMAT 环境色彩设计中心）

方针三：暖色主体，即市内建筑基调色色相以暖色系为主。

鉴于徐州市未来将有众多不同规模与功能的建筑建成，为能灵

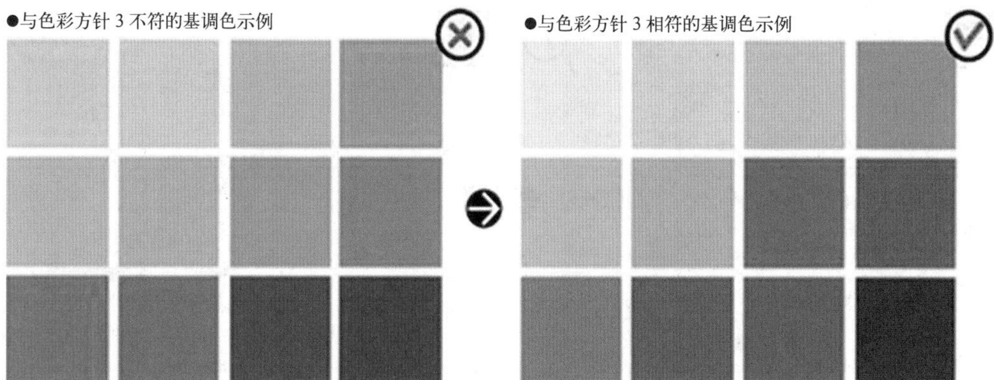

图5-12　方针3色彩基调色对比示例（图片来源：西曼•CLIMAT 环境色彩设计中心）

活应对由此生成的各类景观，并塑造风格和谐统一的城市景观，因此色彩规划首要方针确定徐州市内的建筑物基调色应以暖色系色彩为主（图 5-12）。

方针四：严控艳度，即市内建筑基调色、屋顶色以低艳度色为主；

经徐州市中心穿流而过的故黄河，两岸绿树华茂、风景如画。沿岸的建筑中如果出现高艳度的鲜艳色，势必会影响周围景观的良好印象。因此建筑基调色与屋顶色应基本采用低艳度色，营造沉稳有格调的城市景观（图 5-13）。

方针五：精致分割，即市内大体量建筑物应遵循建筑外观格局，进行适度分部分段涂装。

徐州市内的建筑，特别是居住类建筑日趋高层化，这些体量巨大的建筑会给周围景观带来巨大影响，并会给下面的人行空间带来压迫感。因此，对于大体量的建筑，要综合考虑其设计特征与外观格局进行适度的分段涂装，使建筑整体尺度与周围环境间的视觉比例协调，最终使景观达到和谐相融（图 5-14）。

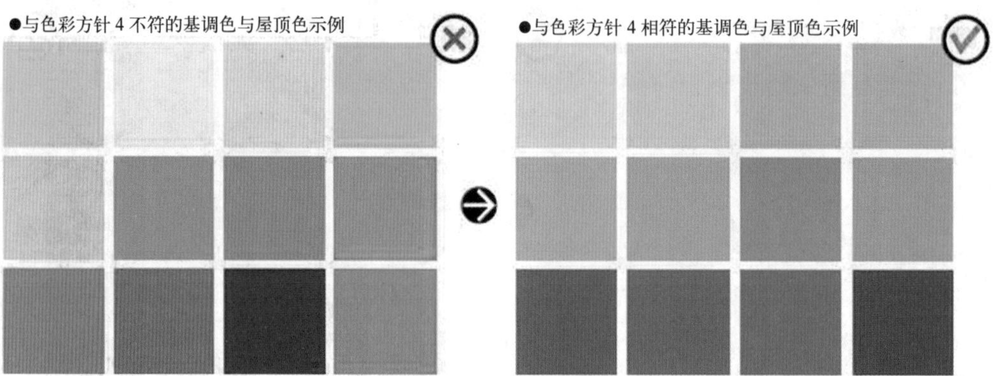

图5-13　方针4色彩基调色对比示例（图片来源：西曼• CLIMAT 环境色彩设计中心）

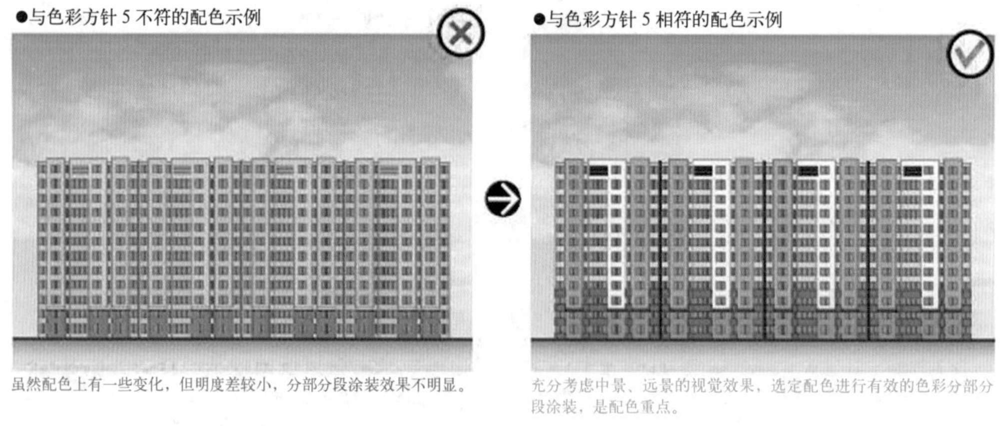

图5-14　方针5配色示例（图片来源：西曼• CLIMAT 环境色彩设计中心）

方针六：强调低层，即在建筑物低层部位适度运用强调色进行涂装，营造繁华印象。

在远景、中景视距情况下，由于建筑更显密集，因此要格外注意保持建筑立面色彩的连续性与统一感，尤其在行人视线集中的建筑低层部位，要运用色彩营造适度的繁荣新丽景象，即小面积使用鲜艳色

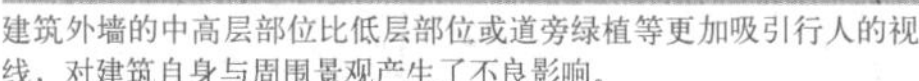
建筑外墙的中高层部位比低层部位或道旁绿植等更加吸引行人的视线，对建筑自身与周围景观产生了不良影响。

在人们视线集中的低层部分使用合适材料，营造繁华且富有情趣的都市景观。

图5-15　方针6配色示例（图片来源：西曼• CLIMAT 环境色彩设计中心）

彩，从而吸引人们的注意力。而在建筑上半部或作为基调色大面积使用此类鲜艳色彩却会弄巧成拙，破坏景观的和谐性（图 5-15）。

方针七：精致建材，即在行人视线集中的范围内使用质感丰富、质地精良的建材。

与建筑低层部位应使用强调色相同，此类行人视线集中的部位要充分考虑使用质感丰富、质地精良的建材。如果不能在整体外墙使用高价墙面建材，至少也要在建筑低层周围或入口部分使用富有品质感的建材，以此提高建筑整体品质感（图 5-16）。

方针八：明度控制，即在建筑物高层部位，避免大面积使用低明度色。

低明度低艳度的色彩容易给人一种高品质的存在感。但如果将这些色彩运用在建筑物的高层部位，会与作为建筑背景的天空色彩形成不协调的强烈对比，给周围环境带来一种压迫感。因此应充分考虑建筑体量与外观格局进行适度的色彩分部分段涂装，避免在建筑物外立面大面积使用低明度色（图 5-17）。

图5-16　方针7建材示例（图片来源：西曼•CLIMAT 环境色彩设计中心）

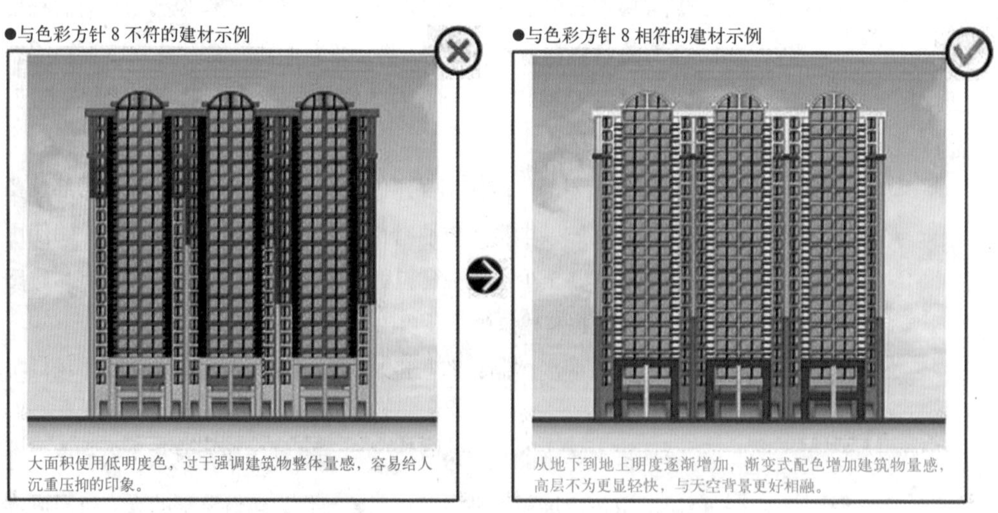

图5-17　方针8建材示例（图片来源：西曼•CLIMAT 环境色彩设计中心）

方针九：配色平衡：协调建筑外立面基调色、辅助色、强调色间的比例平衡关系。

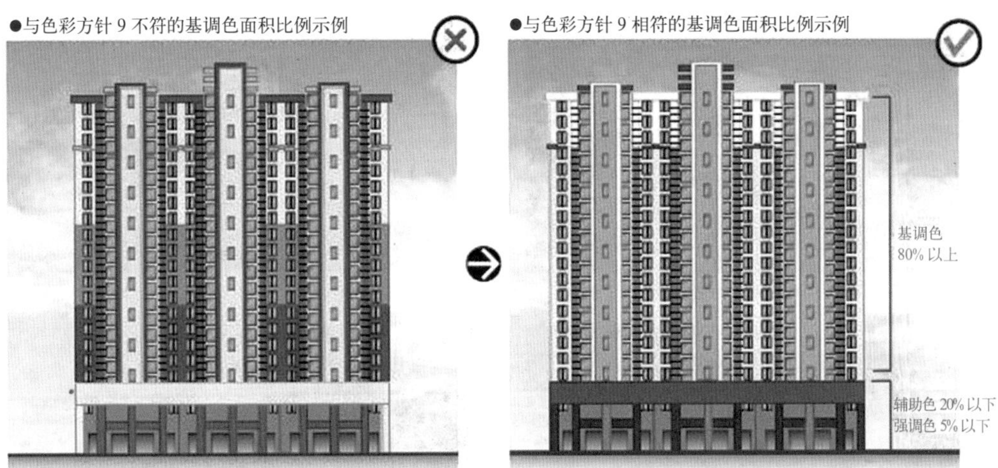

图5-18　方针9色彩基调色面积对比示例（图片来源：西曼•CLIMAT 环境色彩设计中心）

在色彩规划时，首先选定怎样的色相或色彩做基调色是尤为重要的，因为基调色决定建筑整体印象。基调色、辅助色、强调色的比例一般根据建筑体量尺度、设计思路和功能类别会有所不同。但一般认为基调色适合占建筑外立面面积 80% 左右或以上。外立面使用两种以上色彩时，要使基调色、辅助色、强调色间的色相差相对较小，以利于构建协调一致的景观（图 5-18）。

方针十：功能相符，即依据徐州市总规划定功能区域与建筑功能及设计特征选择相符的色彩类别。

不同建筑根据各自功能特征又有不同的形态、体量与设计概念。一般居住类建筑要强调安定舒适感，工业类建筑要强化先进可信赖感等。因此在充分考虑各地区景观特性的同时，根据建筑物的不同功能选择适宜的色彩是非常重要的（图 5-19）。

居住类建筑要给人以沉稳安定的印象。在底层部位或入口周围使用品质优良的建材，营造高品质的住宅。

商业类建筑要给人以繁华有活力的印象。在底层部位积极使用强调色，演绎兴旺繁盛的景观特征。

行政类建筑要给人以高品质有信赖感的印象，尽量使用天然石材，营造沉稳安定的氛围。

工业类建筑虽然根据行业的不同会有不同的印象，但基本上都要营造富有责任感、先进性、高科技与简练的形象。

图5-19　方针10功能分类示例（图片来源：西曼•CLIMAT 环境色彩设计中心）

5.2　徐州市建筑色彩的调整与控制

5.2.1　徐州市城市建筑色彩管控基准

为制定相应色彩管控基准、打造优美有序的城市色彩景观，规划制定了“控制色谱”，控制色谱规定了一般建筑常用色彩范围。如前文所述，为区分与展现几类重点区域的景观特征与个性，规划制定了详尽的色彩控制范围。

建筑外立面的色彩控制范围包括基调色、辅助色、强调色、坡屋顶色四类。对于不同种类其色彩、明度、艳度提出了如下控制要求（表 5-1）。

建筑外立面的色彩控制范围（来源：作者自绘） 表 5-1

部位		色相	明度	艳度
基调色	约占各立面 80% 左右或以上	0R ~ 4.9YR	3.0 以上 8.4 以下 8.5 以上	4.0 以下 1.5 以下
		5.0YR ~ 5.0Y	3.0 以上 8.4 以下 8.5 以上	6.0 以下 2.0 以下
		其他	3.0 以上 8.4 以下 8.5 以上	2.0 以下 1.0 以下
辅助色	约占各立面 20% 左右或以内	0R ~ 4.9YR	3.0 以上 8.4 以下 8.5 以上	6.0 以下 1.5 以下
		5.0YR ~ 5.0Y	3.0 以上 8.4 以下 8.5 以上	8.0 以下 2.0 以下
		其他	3.0 以上 8.4 以下 8.5 以上	4.0 以下 1.0 以下
强调色	约占各立面 5% 左右或以内 ※ 强调色 + 辅助色≤各立面的 20%	全色相 （蒙塞尔全色相）	自由	自由
坡屋顶色	传统工艺烧制而成具自然原生印象的瓦，可不受色彩范围限制。	5YR-5Y 系	6.0 以下	3.0 以下
		其他		1.0 以下

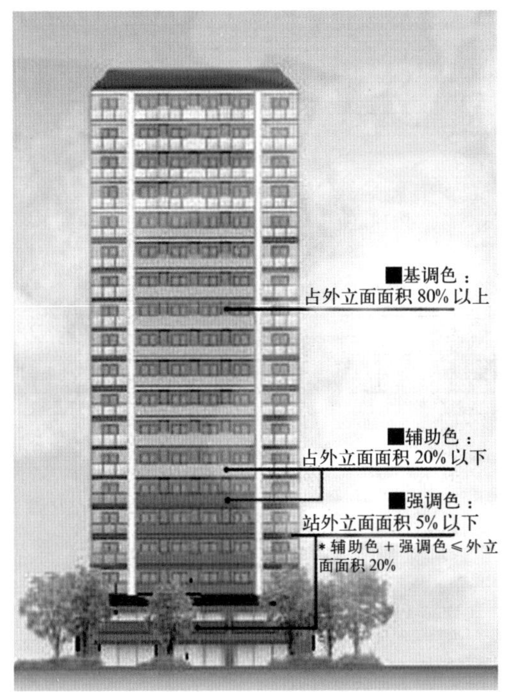

图5-20 建筑立面图式（来源：作者自绘）

●基调色

决定建筑主体印象的色彩，一般占建筑各外立面面积 80% 左右或以内（图 5-20）。

●辅助色

渲染建筑外观、丰富建筑表情的色彩，一般占建筑各外立面面积 20% 左右或以内。

●强调色

点缀建筑外立面，彰显建筑独特个性的色彩，一般占建筑各外立面面积的 5% 左右或以内，且辅助色与强调色的总面积适宜控制在建筑各外立面面积的 20% 左右或以内。

●坡屋顶色

本规划中的坡屋顶色均针对建筑坡屋顶或圆屋顶。此外，如金属材质、原木、石材等不上色的建材，或采用传统工艺 烧制成的具原生色彩印象的砖瓦等，可不受此色彩范围所限。

下图为徐州市城市色彩规划控制色谱，分别为基调色（图 5-21）、辅助色（图 5-22）、强调色以及坡屋顶色（图 5-23）的适用范围。

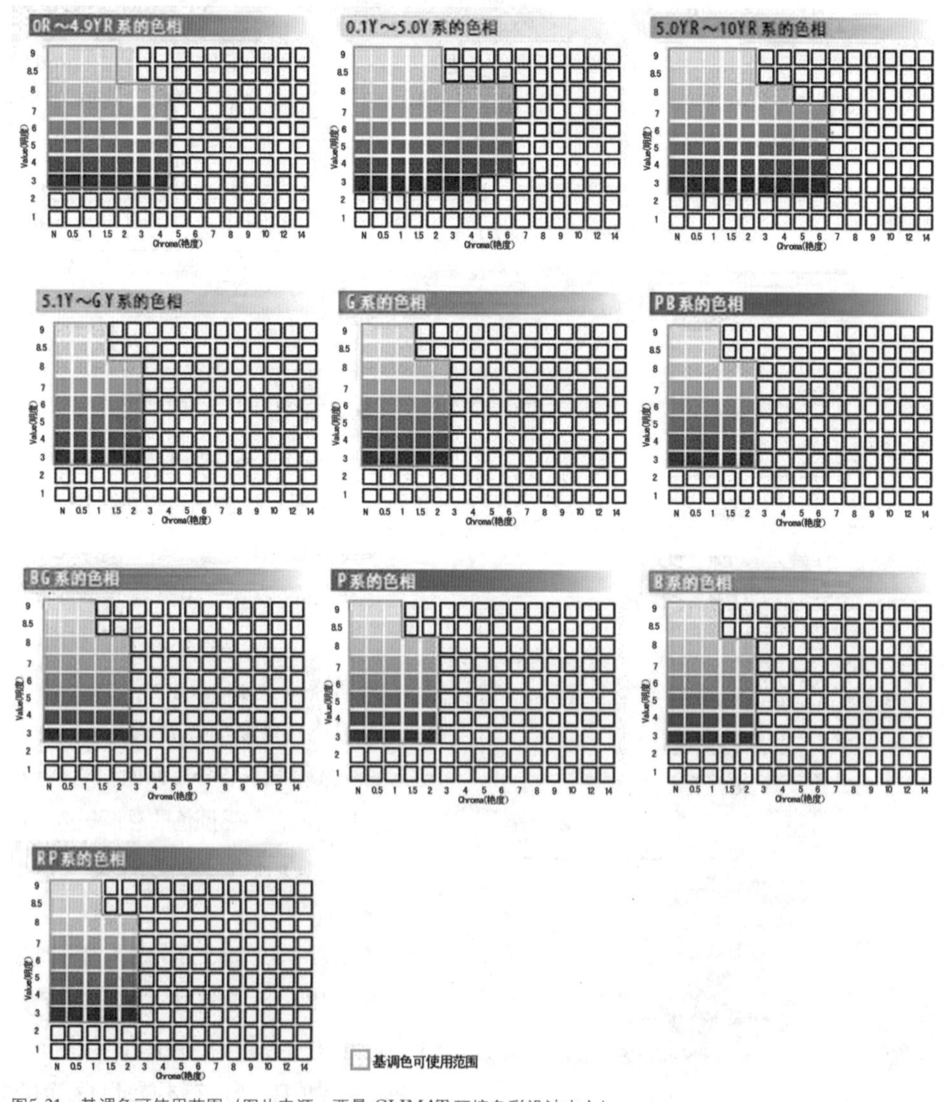

图5-21　基调色可使用范围（图片来源：西曼•CLIMAT 环境色彩设计中心）

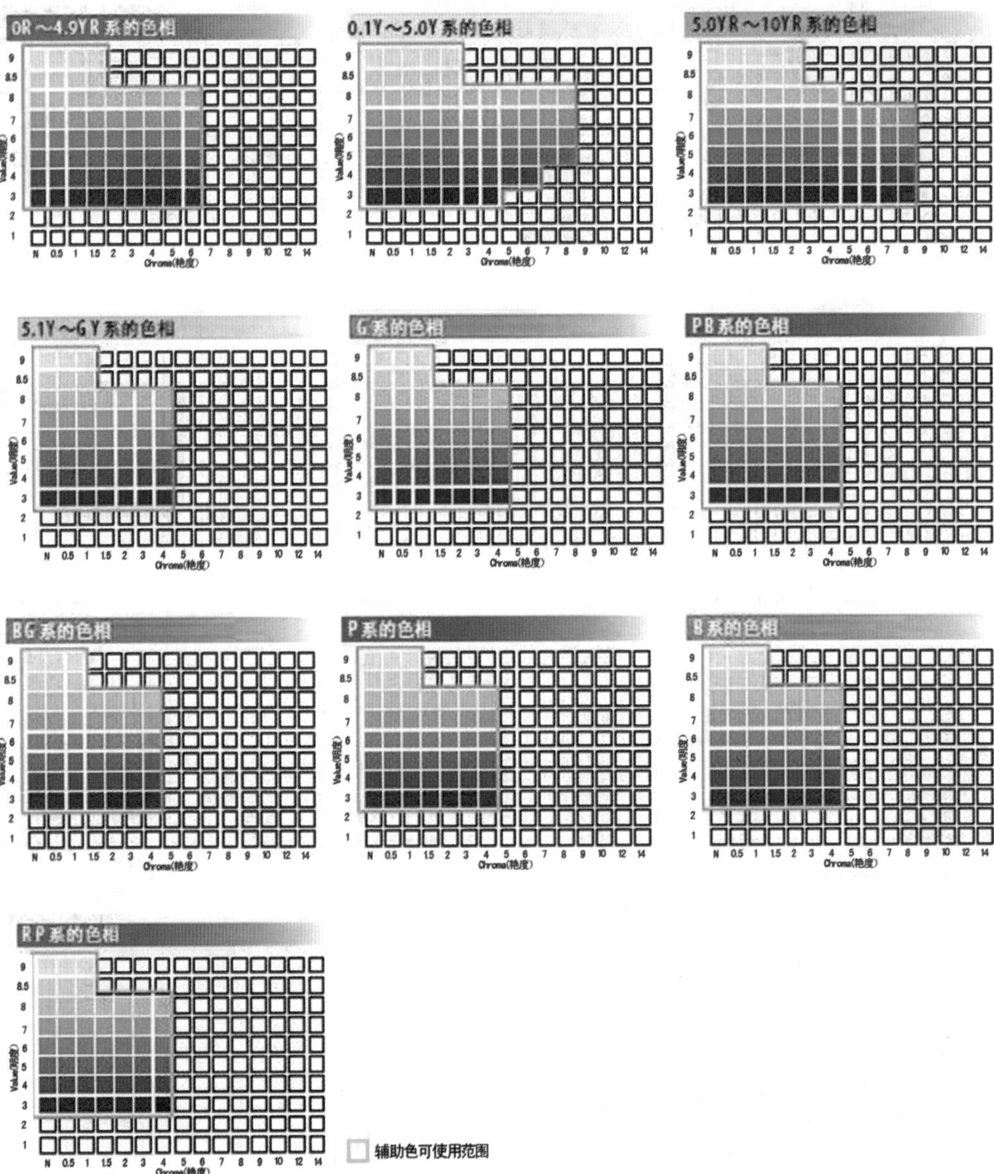

图5-22　辅助色可使用范围（图片来源：西曼•CLIMAT 环境色彩设计中心）

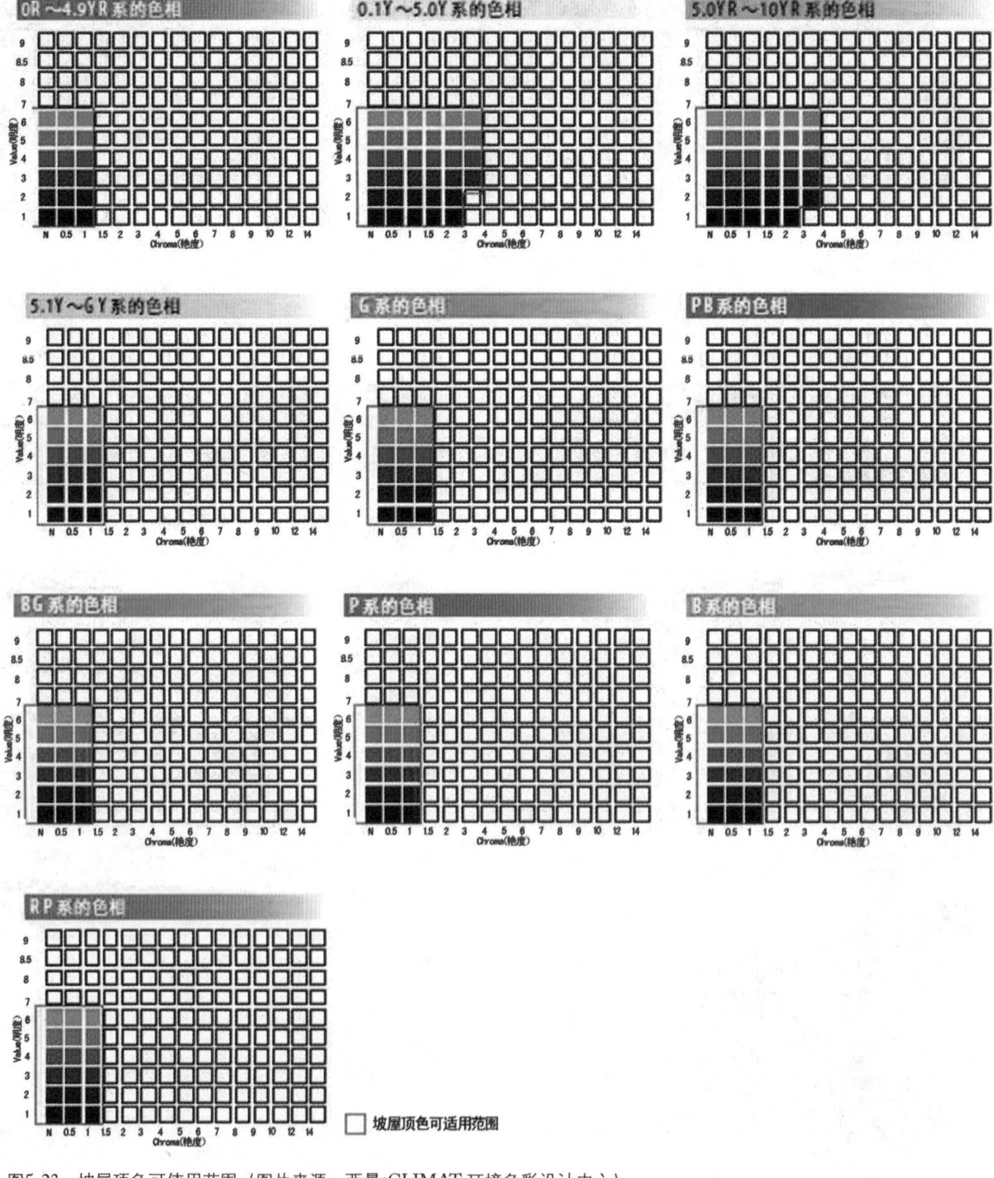

图5-23　坡屋顶色可使用范围（图片来源：西曼•CLIMAT 环境色彩设计中心）

诚然色彩控制也存在例外情况，如在其他法令中已有明确规定色彩的建筑以及没有外立面做识别的娱乐设施等。当然玻璃和玻璃幕墙由于能通过反射、折射、漫射等物理现象而使其本身呈现不固定色彩变化的也可以不遵循此标准。

5.2.2 徐州市建筑色彩推荐色

前文所说的控制色谱，是用蒙塞尔色彩体系来表示建筑外立面基调色、辅助色、坡屋顶色的色彩使用范围。为能灵活方便地选取合适的色彩，规划特制定了简单易行的《徐州市城市色彩 66 色》。

《徐州市城市色彩 66 色》是在遵循色彩基准的基础上，以便于实际操作为目的而选定的使用频率较高的 66 种色彩构成的色谱。该 66 色除建筑外立面基调色外，还包括建筑辅助色、强调色、坡屋顶色和街区小品色（图 5-24）。

建筑外立面基调色是指色彩使用比例占建筑各外立面面积 80% 左右或以上的色彩，建筑基调色宜选择随时间变迁不易褪色且不易使人产生视觉疲劳的色彩，基调色应尽量能够与建筑周围环境和自然景观相协调，且随时光变迁不易褪色、不易令人产生视觉疲劳的暖色系中、低艳度色。

建筑外立面辅助色是指色彩使用比例占建筑各外立面面积 20% 左右或以内的色彩，辅助色一般与基调色形成一定的色差，注重营造建筑自身与街区景观的变化，从而创造出景观的适度变化，展现景观魅力。因此辅助色一般选择中高艳度色或与基调色形成适度明度差的低明度色，也可从基调色中选择辅助色，这种情况下辅助色只需与基调色保持合理色差即可。

建筑外立面强调色是指色彩使用比例占建筑各外立面面积 5% 左右或以内的色彩，建筑强调色适宜运用于建筑低层部位。强调色可使用一些艳度较高的鲜艳色彩，一般在行人视线集中的建筑一、二层的

基调··辅助··强调色

XZ-01 5YR8.0/0.5	XZ-10 5YR4.0/2.0	XZ-19 10YR5.0/2.0	XZ-26 25Y8.0/1.0	XZ-34 25Y5.0/2.0
XZ-02 5YR7.0/1.0	XZ-11 10YR8.0/0.5	XZ-20 10YR4.0/2.0	XZ-27 25Y7.0/1.0	XZ-35 25Y4.0/2.0
XZ-03 5YR6.0/1.0	XZ-12 10YR7.0/0.5	XZ-15 10YR4.0/1.0	XZ-28 25Y6.0/1.0	XZ-36 N9.0
XZ-04 5YR5.0/1.0	XZ-13 10YR6.5/1.0	XZ-21 10YR8.0/3.0	XZ-29 25Y5.0/1.0	XZ-37 5Y8.0/0.5
XZ-05 5YR4.0/1.0	XZ-14 10YR5.0/1.0	XZ-22 10YR7.0/3.0	XZ-30 25Y4.0/1.0	XZ-38 5Y7.0/0.5
XZ-06 7.5YR8.0/2.0	XZ-16 10YR8.0/2.0	XZ-23 10YR6.0/4.0	XZ-31 25Y8.0/3.0	XZ-39 5Y6.0/1.0
XZ-07 7.5YR7.0/2.0	XZ-17 10YR7.0/1.5	XZ-24 10YR5.0/3.0	XZ-32 25Y7.0/2.0	XZ-40 5Y5.0/1.0
XZ-08 7.5YR6.0/4.0	XZ-18 10YR6.0/2.0	XZ-25 10YR4.0/3.0	XZ-33 25Y6.0/2.0	XZ-41 5Y4.0/1.0
XZ-09 7.5YR5.0/3.0				

辅助··强调色

XZ-47 10R7.0/4.0	XZ-51 10YR7.0/6.0	XZ-55 2.5Y7.0/4.0	XZ-59 5BG7.0/2.0	XZ-63 5PB7.0/2.0
XZ-48 5YR4.0/4.0	XZ-52 7.5YR5.0/6.0	XZ-56 2.5Y4.0/4.0	XZ-60 5BG4.0/2.0	XZ-64 5PB4.0/2.0
XZ-49 10R2.0/2.0	XZ-53 7.5YR3.0/3.0	XZ-57 5Y3.5/2.0	XZ-61 7.5BG2.0/2.0	XZ-65 5PB2.0/2.0
XZ-50 7.5R3.0/6.0	XZ-54 10YR6.0/10.0	XZ-58 2.5Y5.0/8.0	XZ-62 5BG3.0/6.0	XZ-66 5PB2.5/5.5

坡屋··设施色

XZ-42 10YR8.5/0.5	XZ-43 10YR6.0/1.0	XZ-44 10YR3.0/0.5	XZ-45 10YR3.0/1.0	XZ-46 5YR3.0/2.0

图5-24 徐州城市环境色彩66色（图片来源：西曼•CLIMAT 环境色彩设计中心）

低层部分提倡适度使用强调色，进而达到醒目的效果。

运用多种色彩时，应注意色彩互相之间的协调关系，在一栋建筑上使用两种或两种以上的色彩时，要尽量统一色相，协调色彩间的关系，特别是辅助色和强调色各使用两种以上色彩时，最好在 66 色划出的辅助色与强调色范围中的同一纵列内选择。

5.2.3　徐州市建筑外立面基调色禁止使用色谱

为了打造统一、和谐、有序的城市建筑景观，便于对徐州市建筑色彩实行最简明的评测与管控，重点根据徐州市城市总体规划，结合城市现状与发展定位，特制定“徐州市建筑外立面基调色、辅助色、坡屋顶色禁止使用色谱”（图 5-25、图 5-26、图 5-27）。该色谱是有效解决城市色彩污染、协调城市景观色彩的有力工具。

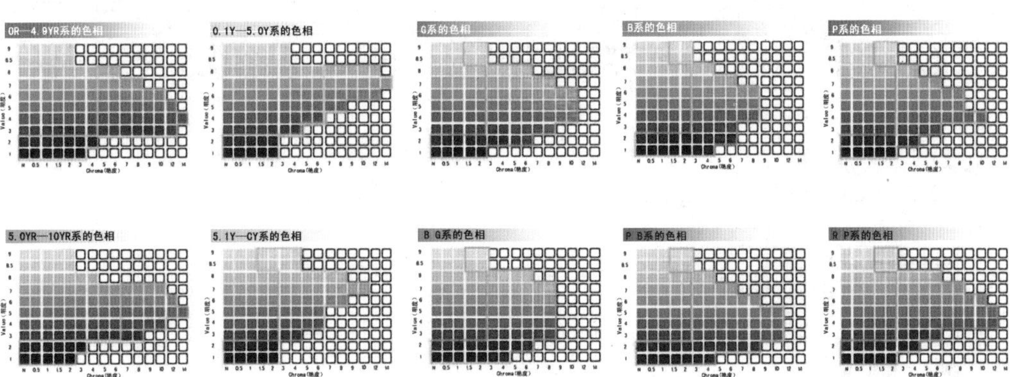

图5-25　基调色禁止使用色（图片来源：西曼•CLIMAT 环境色彩设计中心）

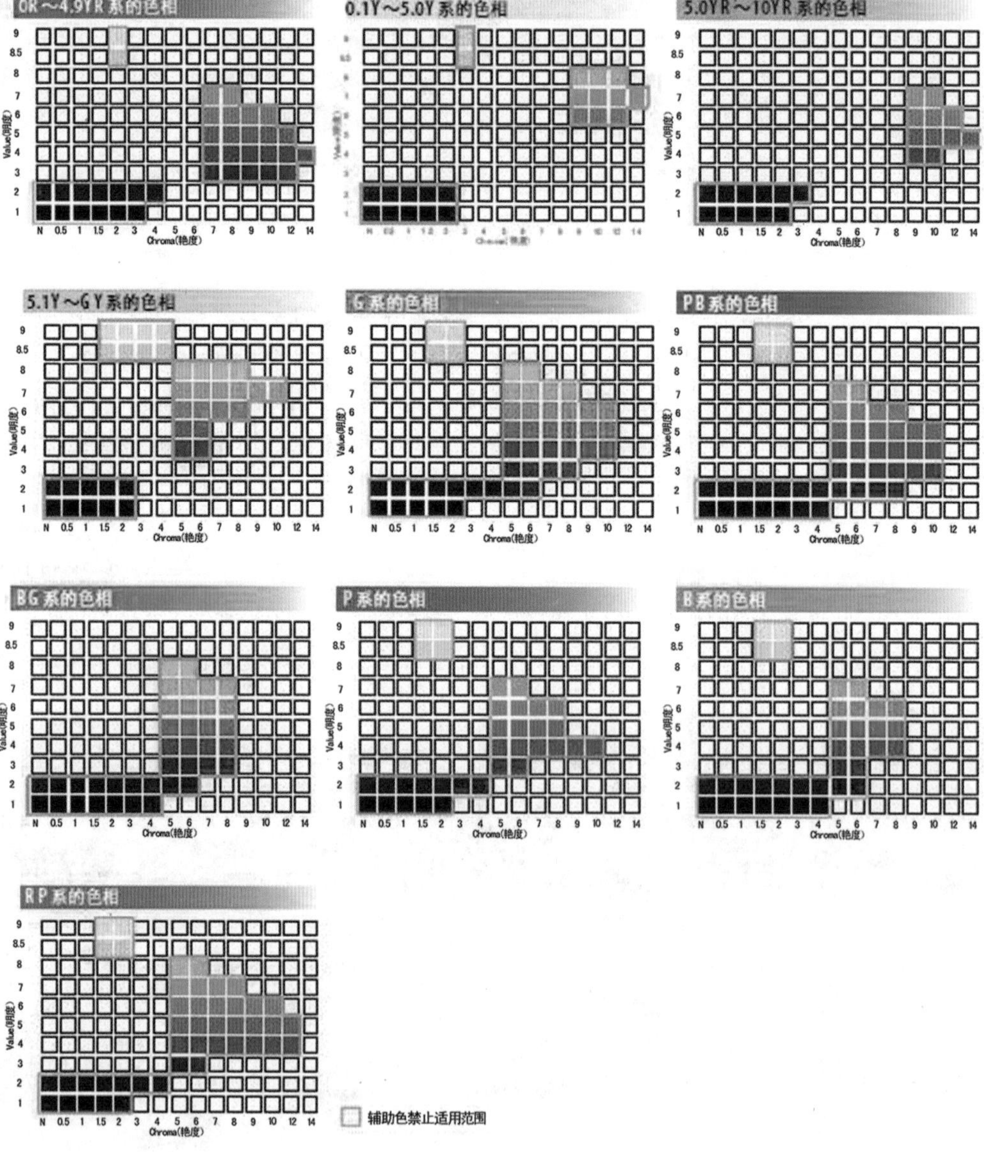

图5-26 辅助色禁止使用色（图片来源：西曼•CLIMAT 环境色彩设计中心）

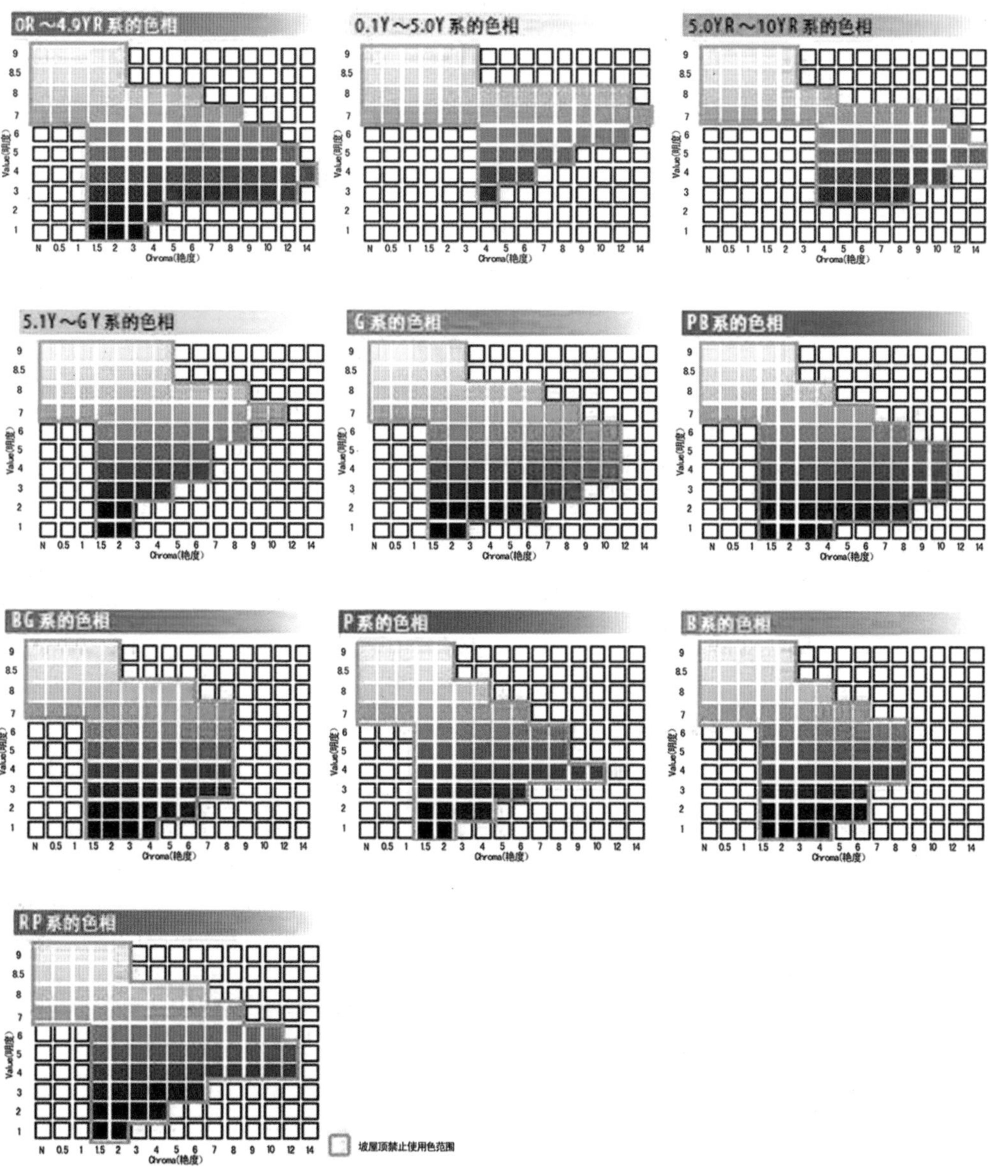

图5-27 坡屋顶色禁止使用色（图片来源：西曼•CLIMAT 环境色彩设计中心）

5.3 徐州市建筑主调色

徐州市城市主色调为黄灰白。徐州自古就是中华重镇，海内名城，因此遗留下了众多优秀历史色彩元素，这些历史色彩多以雅致的低艳度黄色为主。令人欣喜的是在徐州市内不断涌现的新兴建筑中，不少都沿袭了这种历史色调，同时还别出新意地做出了创新运用。

一座城市或特定地域的“主色调”往往是由其“基因色”决定的。“基因色”就是指这座城市自然要素的原生色彩以及历经时光磨砺而逐渐形成的、能够与自然景观原生色彩和谐共融的传统建筑色彩。事实上这些传统建筑正是因为采用了当地自然元素，如土、砂石、木材等作为建造材料，而拥有了这些元素的原生色彩，同出一源，相生互荣。通过专业的色彩调查得知，徐州传统建筑的优秀色彩集中在泛黄的灰白色到泛黄的灰色这个沉稳的色调区域范围内。雅致的黄灰白色调与徐州得天独厚的山水景观很好地达成了视觉和谐。因此，黄灰白色调是徐州的“基因色”。与此同时，在徐州市内众多新兴落成的建筑中，黄灰白色彩也得到了较好的运用。因此，本规划将“黄灰白”定位为徐州的主色调（图 5-28）。

本规划从环境色彩 66 色中严格甄选出 3 色作为“黄灰白雅调”的代表。比对徐州现状照片可知，市内建筑物无论新旧，都以这 3 色最为常见。用色选择困惑时，可从 3 色中选择 1 色，或选择 2 色搭配使用，均可打造沉稳协调的城市景观。

5.4 徐州市六大色彩控制体系

通过对市内建筑色彩的调查，在分析市内自然景观色彩与城市规划意图基础上，本规划对几大重点区域及其他功能用地设定了相应的色彩控制体系。

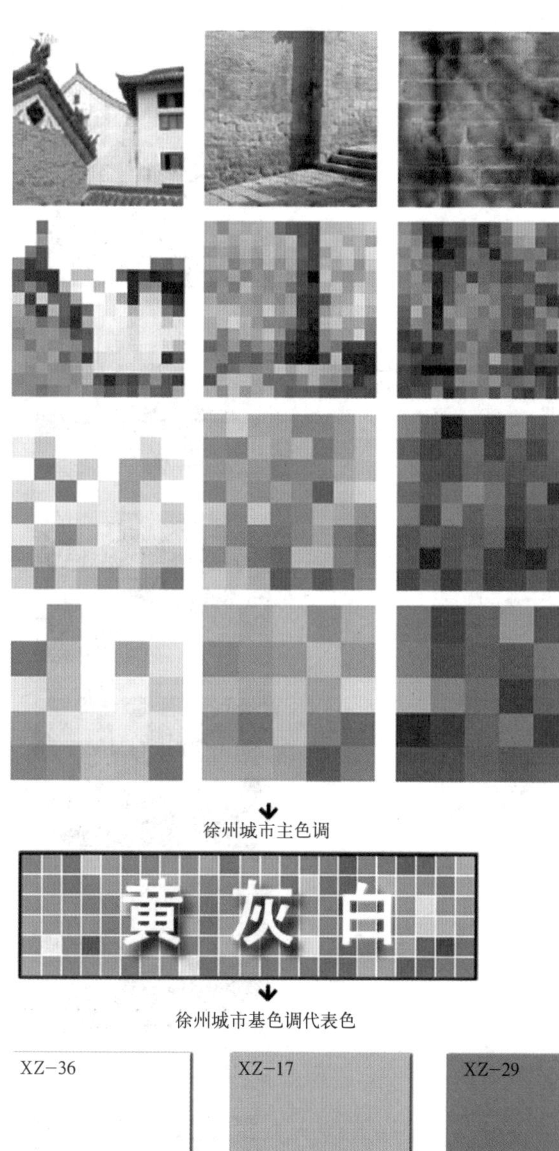

图5-28 徐州市主色调演变过程（来源：作者自绘）

黄河故道沿岸是明快开放的沿河地区，以暖色系为主，营造和谐统一的城市景观，突出优美的水文环境，营造明快清爽的景观印象。

云龙湖周边是绿植苁蓉的环湖地区，以暖色系为主，营造和谐统一的城市景观，为衬托云龙湖与周边山背景等自然景观的美感，应注意控制基调色的艳度。

历史文化保护区是历史或仿古建筑汇集、格调独特的文化保护区，以暖色系为主，继承与发扬历史类景观资源，营造沉稳优雅富有格调的街区景观。

新城区是色彩沉稳且具有高品质印象的新城市中心，建筑基调色色相基本以暖色系为主，要控制基调色的艳度，打造体现新开发地区特征的简练时尚景观。

市中心高度密集的商业办公区，以暖色系为主，营造和谐统一的城市景观。与周边自然景观相协调。与该区域工业类建筑密集的特征相适应，营造明快干练的区域景观，打造市中心繁华兴旺活力四射的景观氛围。

根据以上的色彩分析，规划将徐州市色彩分为六大色彩控制体系：分别为清、风、史、格、展、地（表5-2）。

坡屋顶色禁止使用色（来源：作者自绘） 表 5-2

控制体系	适用范围	色彩控制体系思路	景观营造目标
色彩控制体系 清	重点区域 I 黄河故道沿岸	●故黄河沿岸建筑基调色基本以暖色系低艳度色为主，营造沿河清爽统一的景观。 ●避免在大体量建筑中高层部位采用低明度色，以免给周围景观带来压迫感	
色彩控制体系 风	重点区域 II 云龙湖周边	●云龙湖周边建筑基调色基本以暖色系中明度、低艳度色为主，展现环湖自然美景。 ●要注意控制建筑屋顶色，确保从对岸或山顶眺望时，不影响整体景观的和谐感	
色彩控制体系 史	重点区域 III 历史文化保护区	●继承与发扬历史建筑的传统色彩因素，营造富有古典韵味的魅力景观。 ●灵活运用历史景观资源，营造魅力独特的商业景观	
色彩控制体系 格	重点区域 IV 新城区	●建筑基本以暖色系低艳度为主，营造与新行政中心风格相符的景观环境。 ●行政办公类建筑或教育文化类建筑宜尽量选用石材，营造印象沉稳的景观	
色彩控制体系 展	重点区域 V 高铁客运站周边 重点区域 VI 市中心 重点区域 VII 经济技术开发区	●建筑基调色主要采用暖色系中低艳度色，营造统一中富有个性化的区域景观	
色彩控制体系 地	功能用地① 功能用地② 功能用地③ 功能用地④	●建筑基调色基本以暖色系中低艳度色为主，营造统一连续的街区景观	

所谓的“清”适用于黄河故道沿线区域，沿线建筑基调色基本采用暖色系低艳度色，营造沿线清爽统一的景观，避免在大体量建筑高层部位采用低明度色，以免给行人带来心理压迫感；而“风”适用于云龙湖周边，云龙湖周边建筑基调色基本以暖色系中明度、低艳度色为主，展现环湖自然美景，另外要特别注意控制建筑屋顶色，确保从对岸或山顶眺望时，不影响整体景观的和谐感；“史”适用于历史保护区，继承与发扬历史建筑的传统色彩因素，营造富有古典韵味的魅力景观，灵活运用历史景观资源，营造魅力独特的商业景观；“格”适用于新城区，建筑基本以暖色系低艳度色为主，营造与新行政中心风格相符的景观环境。行政办公类建筑或教育文化类建筑宜尽量选用石材，营造印象沉稳的景观；“展”适用于市中心和经济开发区，建筑基调色主要采用暖色系中低艳度色，营造统一中富有个性变化的区域景观；“地”适用于功能用地，建筑基调色基本以暖色系中低艳度色为主，营造统一连续的街区景观。六大色彩体系代表基调色是从徐州 66 色中提出得来(图 5-29)。在实际应用中，为配合建筑物的不同体量、形态和建材等，使之能有更多的配色方案，可根据六大色彩体系各自的特征，选择其他非代表色（图 5-30)。

5.4.1　色彩控制体系——清

故黄河作为徐州市的代表性景观区域，拥有出色的绿化景观资源，同时市政府还在重点整顿河道水资源，沿线地区已建成供市民游玩休憩的各类场所，沿线风景随四季变化也呈现出各具风格的面貌。目前沿河建筑物大多以暖色系的中、高明度，低艳度色为基调，给人明快开放的景观印象。但同时也有一些商业建筑和住宅建筑采用高艳度色作为基调色，这些醒目的高艳度色是破坏街区沉稳感与连续性的重要因素。

对故黄河沿岸色彩景观构建方针应基本以暖色系的中、高明度，低艳度色为主，营造葱郁滋润、生机盎然的城市沿河景观带。因此规

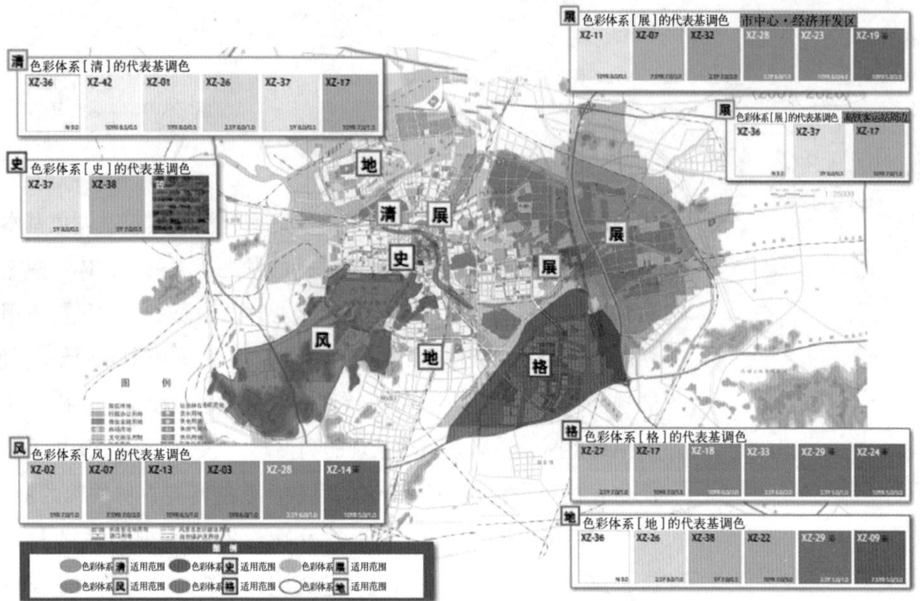

图5-29　徐州各区域色调分析（来源：作者自绘）

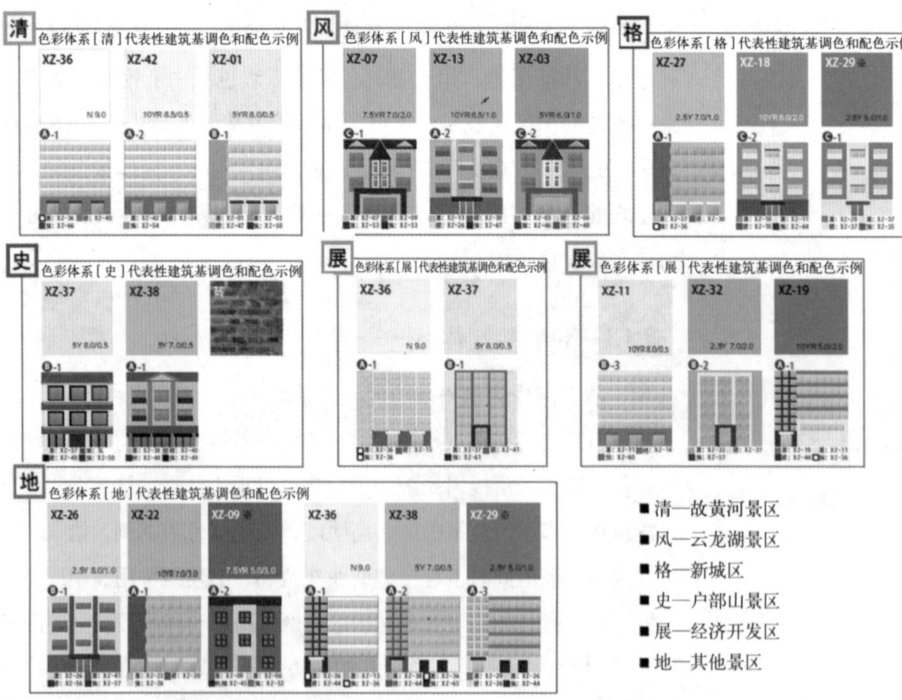

图5-30　徐州各区域色调色彩选取（图片来源：西曼•CLIMAT 环境色彩设计中心）

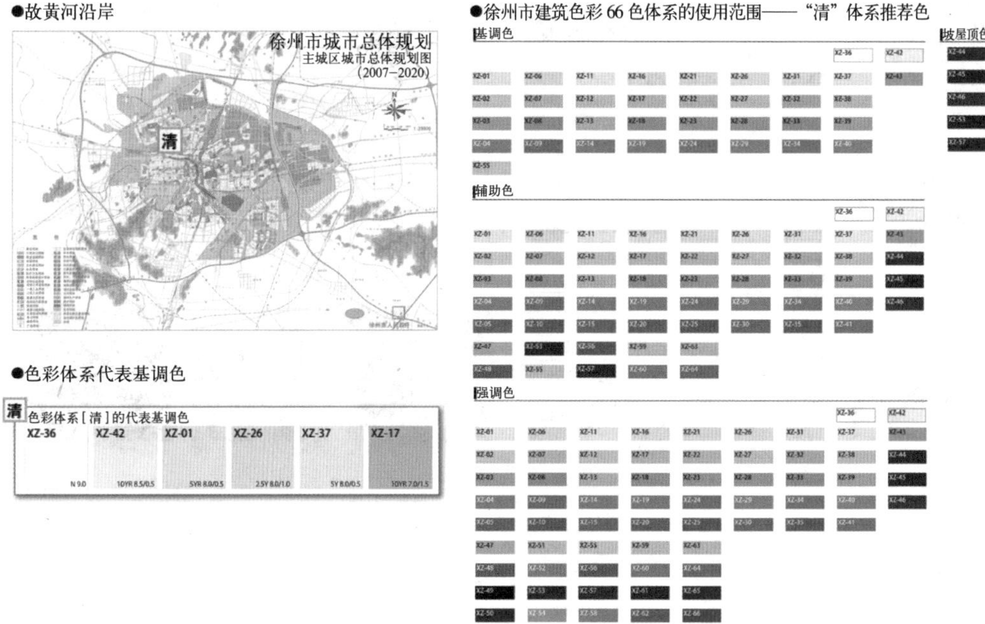

图5-31 色彩控制体系“清”的推荐色（图片来源：西曼•CLIMAT 环境色彩设计中心）

划对色彩控制体系中的“清”确定了以下推荐色范围（图 5-31）。

为了使沿河风景协调一致，控制色彩范围的同时要注重材料的选择，对于中低建筑要尽量选择天然石材（图 5-32）。

5.4.2 色彩控制体系——风

目前，云龙湖周边建筑大多以暖色系高明度、低艳度色为基调色，整体印象沉稳大气，但同时也有一些建筑采用鲜艳的屋顶色或高明度的基调色，在群山背景的映衬下，与生机勃勃的自然景观形成不协调的对比。因此要控制云龙湖周边建筑数量与高度，规划以暖色系的中明度、低艳度色为主，整顿沿河景观，突出该区域群山连绵的自然美景，构建与自然和谐相融的沿湖景观（图 5-33）。

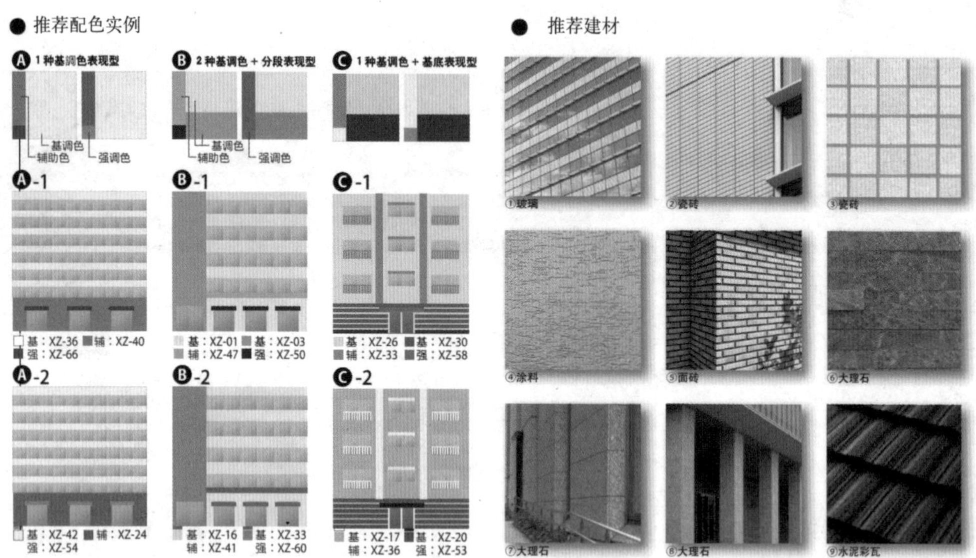

图5-32　色彩控制体系"清"的推荐建材（图片来源：西曼•CLIMAT 环境色彩设计中心）

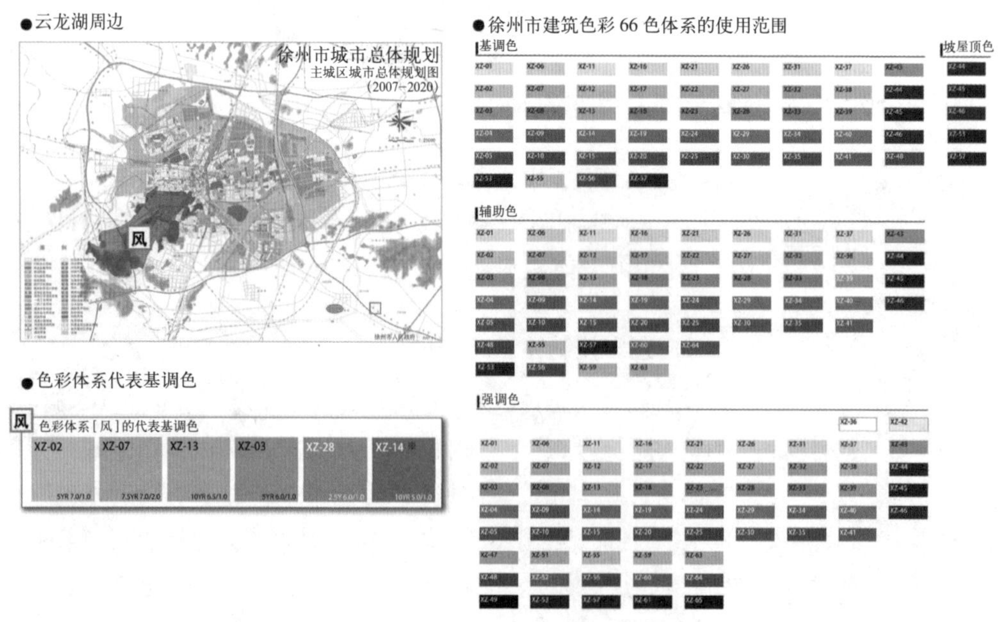

图5-33　色彩控制体系"风"的推荐色（图片来源：西曼•CLIMAT 环境色彩设计中心）

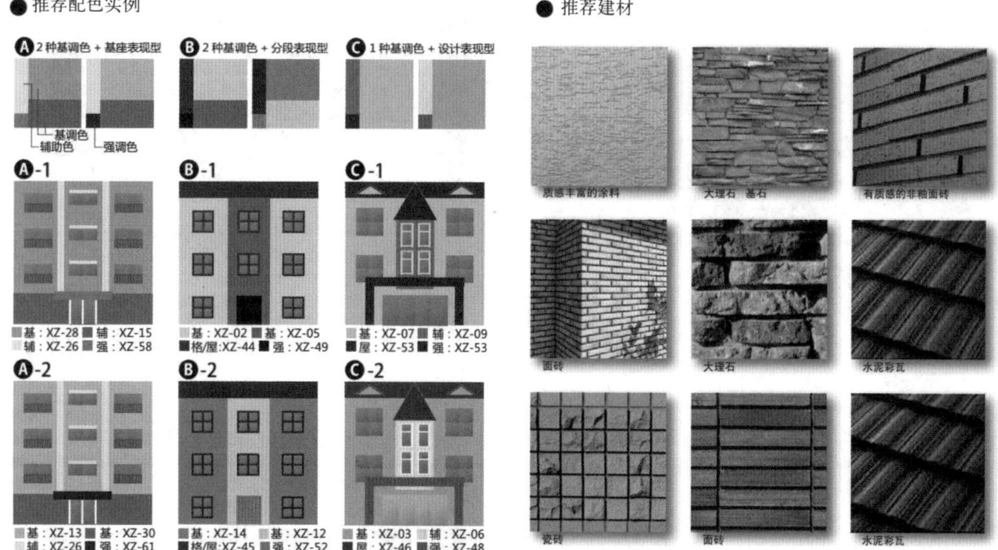

图5-34　色彩控制体系“风”的推荐建材（图片来源：西曼•CLIMAT 环境色彩设计中心）

对于云龙湖附近建筑材质的选择也有相应的要求，为取得与周围自然湖景相应的效果，宜采用大理石及瓷砖等，表面光泽度略低、富有质感的材质（图 5-34）。

5.4.3　色彩控制体系——史

户部山周边遍布着各类传统建筑，属于历史文化保护地区。在该区域建造新建筑时，应严格控制建材的采用，在修旧如旧的前提下保护历史建筑，推进城市整改。目前，户部山周边商业区的建筑大多是无彩色的 N 系、暖色系的低艳度色。建材大多以自然印象的石材和传统风格的砖瓦为主。在历史文化保护区内，应基本沿用现存仿古建筑的色彩，屋顶建材也要尽量采用当地自然传统风格的材料，从而营造富有韵味的建筑景观（图 5-35）。

户部山周边建筑宜采用灰浆、砖、天然石材等作为建筑材料，这些材料具有传统的地域印象，质感温和更易使人接触（图 5-36）。

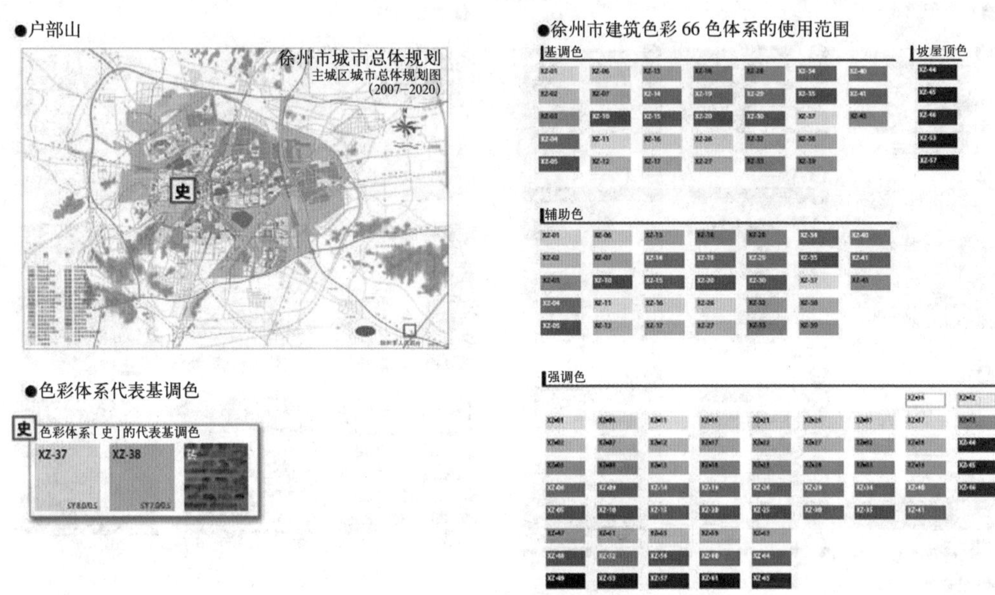

图5-35 色彩控制体系“史”的推荐色（图片来源：西曼•CLIMAT 环境色彩设计中心）

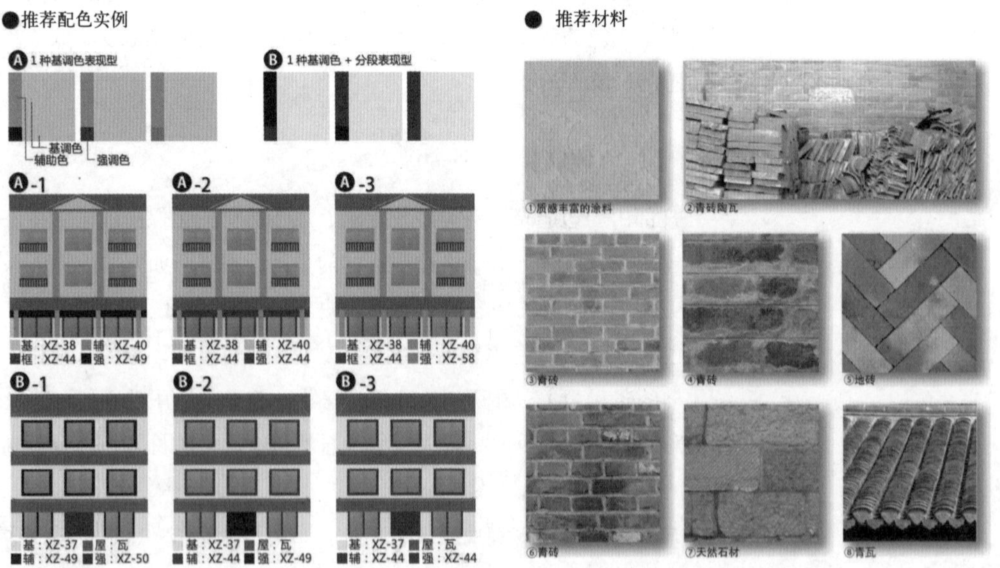

图5-36 色彩控制体系“史”的推荐建材（图片来源：西曼•CLIMAT 环境色彩设计中心）

5.4.4 色彩控制体系——格

徐州市的新城区作为城市未来新的行政中心，还将兴建教育、工业与居住等大批建筑。目前已建成的市政府大楼等建筑采用大理石与玻璃为主要建材，建筑整体风格庄重典雅。其次在市政府大楼周边已兴建了不少高档住宅，这些建筑的色彩以暖色系中、高明度，中、低艳度色为基调色，建材多采用质感丰富的瓷砖与天然石材等，整体印象简洁明快。未来新城区建筑色彩基本以暖色系低艳度色为主，建材的选用也应仔细考究，力求营造与新城市中心地位相符的景观风格与品位（图 5-37）。

新城区内大多为行政办公类建筑，为了表现出严肃、庄重、统一的色调，在新城区较多地使用玻璃、大理石等现代感强的建筑材料，住宅

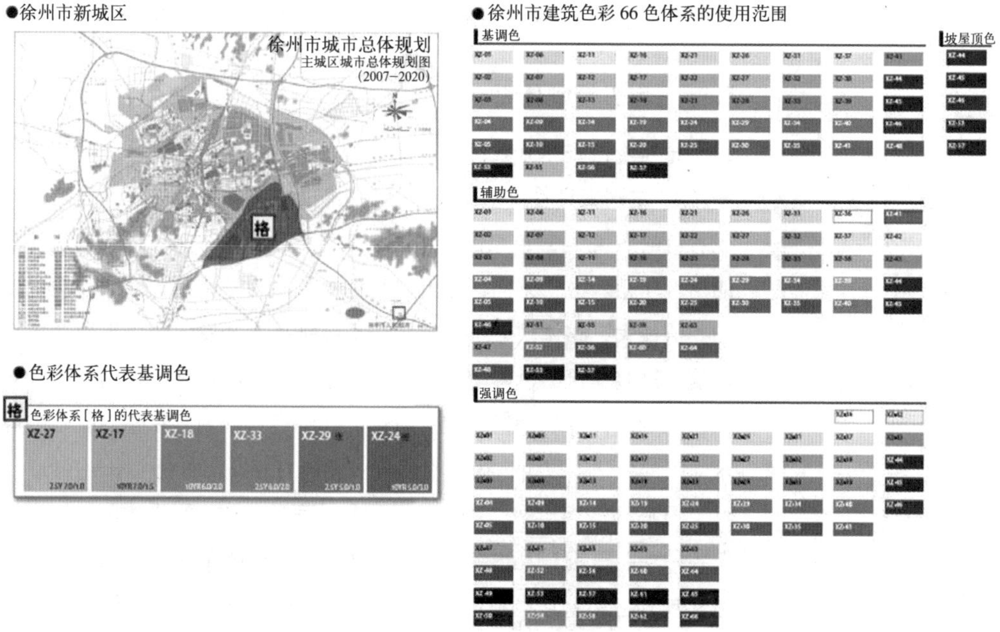

●徐州市新城区

徐州市城市总体规划
主城区城市总体规划图
(2007–2020)

格

●色彩体系代表基调色

格 色彩体系［格］的代表基调色

XZ-27	XZ-17	XZ-18	XZ-33	XZ-29	XZ-24
2.5Y7.0/1.0	10YR7.0/1.5	10YR6.0/2.0	2.5Y6.0/2.0	2.5Y5.0/1.0	10YR5.0/1.0

●徐州市建筑色彩 66 色体系的使用范围

基调色

坡屋顶色

辅助色

强调色

图5-37 色彩控制体系“格”的推荐色（图片来源：西曼•CLIMAT 环境色彩设计中心）

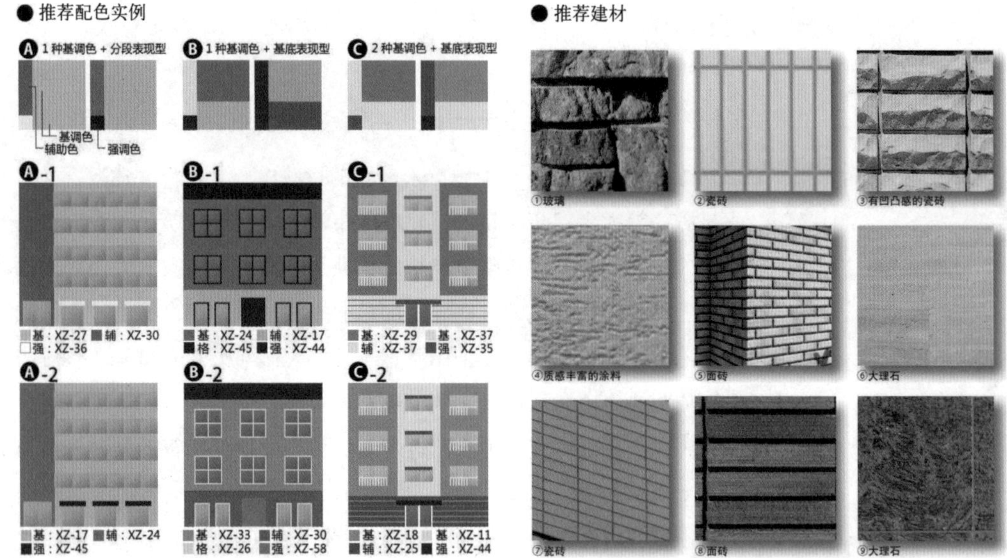

图5-38 色彩控制体系“格”的推荐建材（图片来源：西曼•CLIMAT 环境色彩设计中心）

别墅等建筑应采用釉面砖类材质，呈现出沉稳、大气的城市景观（图5-38）。

5.4.5 色彩控制体系——展

金桥经济技术开发区内西部为工业区，东部为居住区（局部为工业区）。本区聚集着众多不同规模与功能的建筑。目前，工厂类建筑以无彩色的N系～暖色系的高明度、低艳度色为主，整体形成明快开放的街区印象。另一方面，住宅以暖色系色彩为基调色，但明度与艳度的差值偏大，整体缺乏统一感。未来经济技术开发区中将兴建众多新建筑，这些建筑的色彩应基本以暖色系中高明度低艳度色为主。针对该区功能多样性的特征制定针对性的详细色彩规划，在整体统一中寻求适度的变化，以营造简洁中蕴含多样魅力的景观面貌（图5-39）。

日后高铁客运站周边将兴建商业、商务办公、娱乐休闲、酒店类等各种功能建筑。因此该区域将建设成为徐州的新兴代表性景观区域，色彩规划应结合该区域的发展定位与建设特征进行综合考虑与制定，推荐的建筑材料一般应以玻璃和金属类为主（图5-40）。

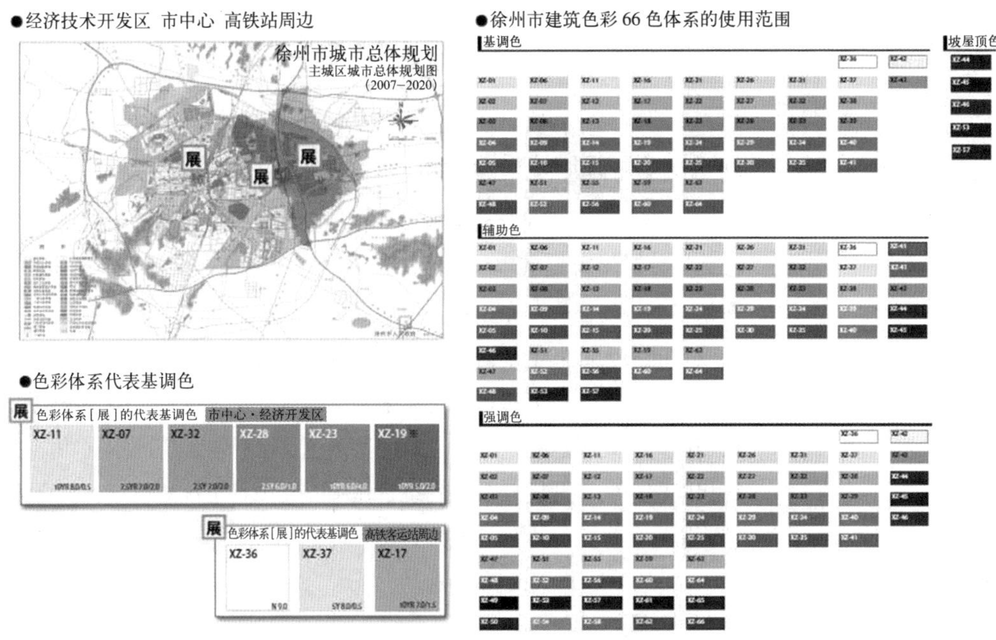

图5-39 色彩控制体系“展”的推荐色（图片来源：西曼•CLIMAT 环境色彩设计中心）

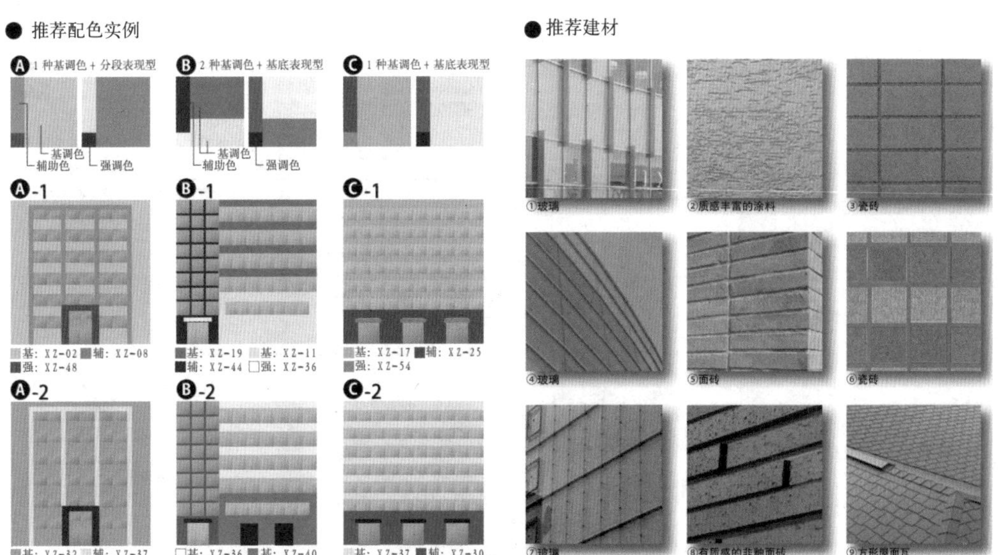

图5-40 色彩控制体系“展”的推荐建材（图片来源：西曼•CLIMAT 环境色彩设计中心）

5.4.6 色彩控制体系——地

各类大型商业建筑云集的市中心是市民与游客热衷的休闲观览胜地，处处洋溢着繁盛生机。目前，市中心的建筑不仅各种功能聚集，而且建筑物的色彩分布也比其他地区更为广泛。除作为市中心重点区域以外的市中心其他地区，同样混杂着各类功能建筑，要营造这些地区的独特个性，仅通过控制色彩来实现是有一定难度的。但与重点区域一样，首先通过设定街区建筑的基调色，再针对建筑的不同功能进行相应配色，以此实现街区建筑整体统一又独具个性的特征，同样能够营造出富有魅力的城市景观（图 5-41）。

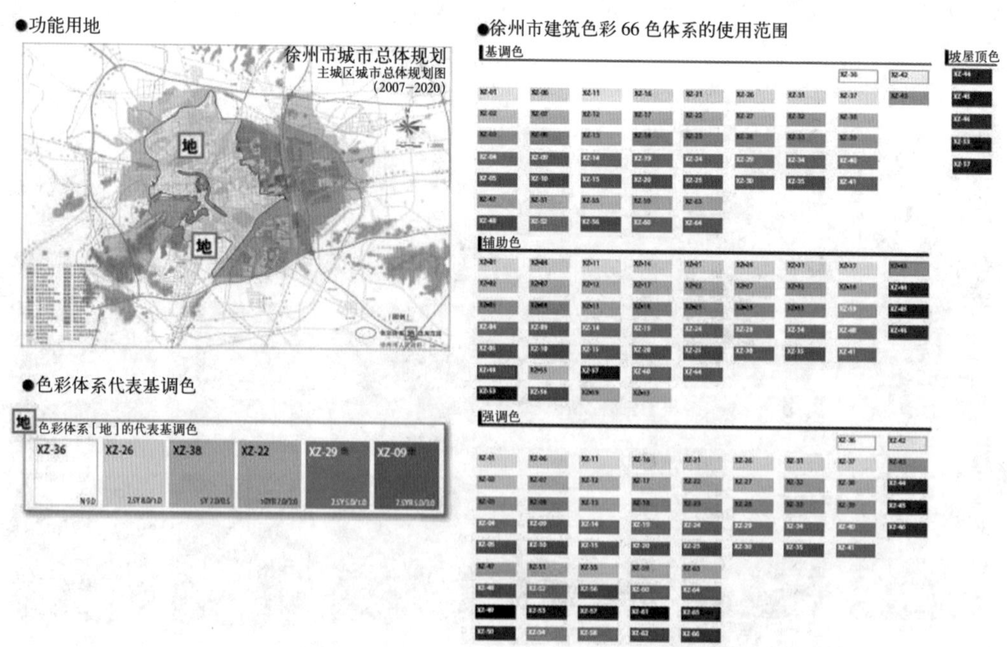

图5-41　色彩控制体系“地”的推荐色（图片来源：西曼•CLIMAT 环境色彩设计中心）

6　对徐州市不同空间形态色彩规划设计与管理

6.1　居住建筑色彩整体规划设计

6.1.1　功能角色分析

作为占据城市建筑面积总量最多的建筑类型，城市居民住宅建筑的色彩对一个城市的景观面貌有着最直接和最深刻的影响。每个人对居住建筑色彩的喜好是不同的，他们因自己的民族、经历、教育程度等因素的不同而偏爱不同的居住色彩，这就造成了城市居住建筑色彩的使用因目标客户群的不同而有所不同，相对地，材料的选择也会因为建筑售价的差异而有较大差别。因此，居住建筑色成为必须考虑的因素，对居住建筑色彩的规划和设计是城市建筑空间建筑形态的重要组成部分（图 6-1）。

图6-1　徐州居住建筑景观（资料来源：作者自摄）

6.1.2 色彩定位

城市中最活跃，最强烈的色彩景观都位于商业街内，在某种程度上商业街可以被看作为城市建筑色彩中装饰色（图 6-2），商业区中色彩的控制模式依照不同属性制定。传统商业街既要表现地域性，也要

图6-2 淮海路西部商圈（资料来源：作者自摄）

传递商业性。将当地的传统地域文化色彩作为色彩景观的基础，突出该地的人文特征。广告张贴和商品陈列遵循原有模式，将商业街的整体形象作为重点，避免出现因色彩面积过大而破坏景观的现象，再加上选用传统店面、城市雕塑、小品等突出表现地方特色。如徐州户部山步行街将旧建筑进行统一规划改造，采用白色、深褐色和暗红色的木质构件进行色彩定位，并且采用传统性和丰富性的广告，更好地营造出带有地方特色的商业历史街的氛围。

一般的商业街的主要目的是商业活动，广告和商品陈列流动性大，更新速度快，色彩多变且多使用高彩度，不易控制，因而可以采取控制大小和位置的方法使其变得有序。而作为依附体的建筑，采用中性色更为恰当，建筑间以近似融合为原则。选取一两种较为平淡的中性色彩反复出现作为点缀，起到将孤立零散的单体整合为一体的效果。影响最终色彩景观的重要因素是商业区中的广告，因此在广告的策划设计中，需要注意位置和面积，避免出现数量过多、参差不齐的问题，相比较而言，欧洲的政府部门在针对具有商业性的标志和广告的管理上，采取更为严苛的管理办法，使得城市商业区显得“安静”许多。

徐州中山路商业街重点强调视觉关注点以下的色彩设计，规划控制广告牌的位置和大小；以背景身份出现的上半部建筑，虽然较为杂乱，色彩种类繁多，但就笔者的现场考察分析中，群众对商业街建筑的上半部分关注度较低。从而一定程度上强化了商业街的定位，为公众创造了一个良好的购物环境。

商务办公建筑一般体量较大，这些巨大的建筑对环境的压迫作用非常明显。建筑基调色基本采用暖色系低艳度色，并对大体量建筑外立面进行适度的色彩分部分段设计与涂装，营造富有适度变化印象的街区景观。徐州的商务办公建筑目前还是以混凝土框架、外挂装饰铝板的建筑外表皮装饰方式为主，这些体量巨大、灰色的建

图6-3　建筑中玻璃的使用效果（资料来源：作者自摄）

筑对城市建筑色彩的影响巨大，目前商务建筑普遍采用的 LOW-E 玻璃、镀膜反射玻璃、超白玻璃等透明建筑材料可以有效地减少这种压迫感。

玻璃的通透感可以使视线减少阻碍（图 6-3），从而使城市建筑色彩和环境更加和谐。如何在经济和建筑色彩效果之间取得平衡是建筑设计师和城市规划师共同需要面对的问题，面对城市经济的发展和人们对环境要求的不断提高，城市建筑色彩和谐逐渐成为共识，笔者认为建筑外表皮采用玻璃材质是一种可行的发展方向，并且该方向已经逐渐被人们接受并且开始熟练运用于当下建筑。

商业区色彩绚丽，体现城市的现代气息，基调色了采用高明度、低彩度的色彩。配以不同色相，辅助色以红色系和黄色系为主，搭配出亮丽、动感的色彩氛围，营造“亮”的感受。

建筑墙体色调以冷灰、暖灰为一主，色彩饱和度低，明暗有反差但变化不大，其中暖咖色、米色与蓝灰色调居多。具体对策：在建筑色彩的区域规划时，核心商务区的建筑色彩常以建筑间的色彩协调为主。大规模的建筑或建筑群体的庞大体量所展现的色彩面积同样很大。

因此，建筑色彩之间的协调配置显得尤为重要，一旦出现问题，很难去修改。所以应该减少使用大面积低明度和高彩度的色彩，选用相对比较稳妥的中性调色彩的设计方案。如果建筑群中确实需要有重点突出的地方，才可以考虑选用色彩对比的协调原则，即使这样，也要十分慎重的选用色彩。

6.2 科技文教区建筑色彩的规划

6.2.1 功能分析

科技文教区在城市中占有很重要的地位。新兴开发的科技园区是城市高新技术发展水平的标志，而城市的历史和文化内涵的研究和传承通常是一些历史悠久的高等学府、科研院所等教育研究机构来承担。徐州的科技文教区较多地聚集在徐州南部地区，而且较为分散，如中国矿业大学文昌校区、南湖校区，江苏师范大学泉山校区、徐州工程学院、徐州建筑职业学院、徐州高等师范学校、徐州医药高等专科学校等，而保留在城市相对中心的仅有徐州师范大学云龙校区、徐州医学院、空军后勤学院等少数学校。

6.2.2 色彩定位

科技文教区在色彩景观控制规划上，需要考虑其本身属性、历史文化含量、所处环境的位置等诸多因素，对于偏离市中心的新兴校区，色彩控制以其完整性为重点，协调建筑之间的色彩，不必突出体现地方特色，色彩的使用符合校区本身的地位属性。如中国矿业大学的南湖校区教学建筑群的主色采用了黄色与灰色的设计方案，中间以大尺度的白色构架进行装饰（图 6-4）。

需要谨慎处理较长历史的高等学府建筑，对于具有一定的历史价值的建筑物，以外立面采用保护性清洗的方式为主，尽量保留现有的

中国矿业大学南湖校区建筑色彩景观

图6-4　徐州师范大学建筑色彩景观（资料来源：作者自摄）

色彩和建筑材质，绝不盲目翻新粉饰，更不可拆除再建。例如徐州师范大学云龙校区的三座教学楼，建于1958年前后，是徐州高等学校现有建筑中历史最长、具有一定意义的传统建筑。为传统大屋檐建筑，青砖墙面，顶面铺设青瓦，整体色彩典雅协调、和谐，具有很强的艺术感。为与这些建筑协调呼应，避免使用高浓度、高彩度、强烈的色彩进而产生反客为主的结果，多采用低彩度、中低明度、偏中性的色系定位建筑周围区域新建的校园色谱。当然做事情要多思考、多分析，对色彩的统一调和要达到操作自如、次序分明、井井有条、协调统一，以达到突出重点为最终目的。

在校园建筑色彩规划中也要考虑到色彩辅助色在不同教学楼之间的空间指示作用。目前新建的一些校园建筑色彩过于统一，这些校园除了建筑形式有些差异外，色彩毫无区别，面对相似的群建筑物，对于初到校园的人来说不利于快速到达目的地。我认为在考虑建筑色彩整体和谐的基础上充分利用点缀色，发挥色彩的指示功能，为不同的建筑设定不同的色彩点缀，利用小面积的高彩度色彩达到指示方向的作用，充分发挥建筑色彩的功能（图 6-5）。

高科技工业园区的用色大多采用浅色、纯度较低的简洁、明快的色调来突出表现现代化的高科技色彩景观。文教建筑的色调大多根据学生的年龄段以及学校的性质来确定，小学的颜色可以采用鲜艳充满朝气的色调，创造一个快乐成长，欢快学习的校园氛围；中学则大多采用温暖、安静、严肃的色调，给同学们营造一个好好学习、健康成长的校园感觉；大学的色彩环境应该是冷静、平和的，在这里大家可以自由徜徉在学术的海洋里。

图6-5　徐州市新城区规划馆及政府楼色彩景观（资料来源：作者自摄）

6.3 历史文化保护区建筑色彩的规划

6.3.1 功能角色分析

当务之急是保护和发扬地方人文环境，我们要特别细致地分析探究，因为传统地方文化保护区是城市历史与文化的精华浓缩。20 世纪初期出现了真正意义上的历史建筑保护，1931 年通过的《关于历史性纪念物修复的雅典宪章》明确提出尊重和保护过去的艺术风格，并采取现代技术在建筑原有的艺术风格上修复历史建筑的损坏、坍塌和延长历史建筑的寿命。后来在诸多的国际历史建筑、环境保护宪章中又充分地细化了该宪章中多次提到的艺术风格，指出其应该包括历史建筑的色彩。

6.3.2 色彩定位

对于拥有一定历史文化价值的文物性建筑物，徐州市倡导保留原建筑的材质和色彩，然后采取清洗建筑的外立面，拒绝盲目翻新装饰。并严格控制商业广告的位置和大小，确保历史文物的维护。

在尊重和理解原有建筑历史文化的基础上对周边地区的色彩进行规划时，要使建筑色彩的采用与原有建筑环境的整体保持高度一致。或是为突出反映地方特色传统文化保护区的特色和历史，采用建筑色彩充当背景，以衬托旧有建筑的风貌。通常情况下，为避免周边区域建筑产生反客为主的结果，尽量不使用高浓度、高彩度、强烈的色彩，而应使用低彩度、高明度、偏中性的色系，当然做事情要多思考多分析，对色彩的统一调和要达到操作自如、次序分明、井井有条、协调统一以达到突出重点为最终目的。

在建筑外表皮的材料的使用自上尽可能以自然材料为主，在质感和视觉感上与古建筑相协调。同时注重色彩与建筑文化之间的呼应关

图6-6 户部山历史街区（资料来源：作者自摄）

系，以包容或突出古建筑的历史感为主，不可喧宾夺主（图 6-6）。

对历史性建筑以及街区的改造，色彩使用要在尊重原建筑色彩基调的基础上，以修复建筑原貌和场景为准则，选择色彩纯度高、明度较低的颜色进行修复。

具体对策：在尊重和展现当地历史人文特色的基础上进行建筑色彩处理，为防止因为流行色彩范围扩过大损害旧有的景观价值，广告招贴和商品陈设依旧采取传统的形式。为了彰显和突出古城徐州悠久和充裕的历史文化，徐州市老城区的历史文化地段要严格地使用该地段所代表历史时代的建筑特色，例如，古风悠扬的户部山古建筑群、灯火通明的彭城一号、历史与神秘的老东门历史街区、时尚内涵的创意 68 历史街区（图 6-7）。

图6-7　徐州市老东门旧区改造景观、创意68历史街区（资料来源：作者自摄）

7 实例分析——以徐州市新城区为例

本章节通过分析借鉴国际色彩专家和机构在相关领域的工作方法，尝试提出进行城市建筑色彩景观规划设计的操作方法和步骤。调查针对徐州市新城区中现有自然景观色彩、历史文化色彩和建筑物景观色彩进行。分别就组成这些景观要素的自然环境色彩、历史文化古迹色彩、地域材质用色、建筑物外立面用色等内容，采用视感测色法和仪器测色法，进行了实地实物的测定和数字化记录。从而形成对徐州市各类型环境色彩现状全面而翔实的认识。 针对徐州市城市色彩调查，亦采用了视感测色与仪器测量方法。应用蒙塞尔色彩体系标准展开。通过正常视觉近距离观测比对被测物与标准色卡上的色彩，从而准确测定出被测物的色彩蒙塞尔标准数值。对于精度要求更高的色彩则采用专业分光测色仪实行测量。

目前徐州新城区虽然尚处于建设阶段，建筑数量并不多，但已建成的市政府办公楼组群、中高档住宅楼等依然表现出较高的色彩运用水准，反映出新城建设的综合水平（图 7-1）。在现有良好基础上，如何更出色地把控好建筑自身、建筑与建筑、建筑与环境间的色彩合理运用，进一步提高新城区的色彩品质，塑造整体景观和谐统一，区域特色鲜明时尚的新城区印象，引领徐州市城市新风貌的未来方向，是本次色彩规划的重任之一。

据色彩调查结果显示，区域内建筑色彩的色相基本集中于 2.5YR（橙）~ 5YR（橙）的暖色系，或者无彩色的 N 系（黑、白、灰）范围内。其中，暖色系色彩多出现在住宅类建筑中，而 N 系色彩则多出现于行政办公类建筑中。区域内建筑色彩的明度集中于 3.5 ~ 8.0 的中高明度范围内，给人或稳重或明快的舒适印象。

图7-1 徐州市新城区建设大厦及政府大楼景观（资料来源：作者自摄）

区域内建筑色彩的艳度基本集中在 4.0 以下的低艳度范围内，给人温和沉稳的印象（图 7-2）。

区域建筑色彩评价与问题总结

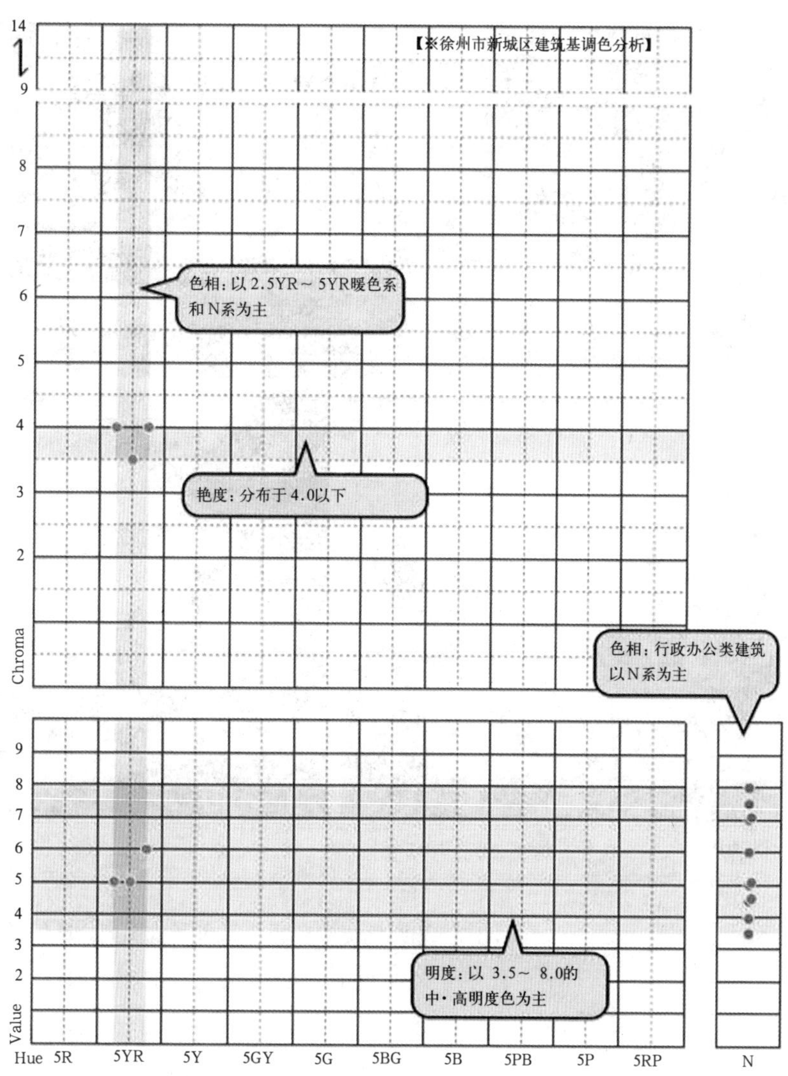

图7-2 区域建筑色彩艳度分析（资料来源：徐州市规划局）

图7-3　徐州市新城区办公楼区景观（资料来源：作者自摄）

（1）建筑基调色集中在暖色系色彩范围内，且色彩变化幅度较小，同时也存在不少 N 色系（无彩色）色彩，整体组成了色调温和、色系清晰的区域景观。

（2）以新市政府大楼为代表的行政办公类建筑多采用石材和玻璃等建材，构建出现代感强烈、品质卓著、沉稳大气的景观（图 7-3）。

（3）住宅类建筑基调色采用温和的暖色系色彩,给人一种稳重印象。

8 结语

城市建筑色彩涵盖了整个城市地理、人文、历史、经济、政治等诸多因素，影响着人们的生活、学习、工作等各个方面，是影响城市建设发展的主要因素之一。本文以色彩为主要因素对徐州城市建筑色彩景观规划进行了研究，并扎根徐州地域色彩特色，提出徐州城市建筑色彩规划的思路与原则，并针对不同的形态空间总结出控制方法，根据徐州地域文化特色情况制定了建筑色彩的控制色谱和推荐色谱。

本论文所完成的主要工作有以下几点：

（1）总结城市建筑色彩的影响因素和设计原则。

（2）针对徐州建筑色彩进行整体分析梳理。

从徐州自然地理条件、地方历史文化背景、城市性质与城市格局、徐州现有城市建筑色彩组成及公众对城市建筑色彩的认同度等几个方面对徐州城市建筑色彩景观进行了整体认知。

（3）提出了徐州城市建筑色彩的主色调。

通过对徐州地理、人文条件，现有建筑色彩构成情况和公众认知度的分析得出徐州城市建筑色彩的主色调，纠正了常用的采用印刷色谱推导城市建筑色彩主色调的错误做法。对徐州规划局做出的城市建筑主色调进行了扩充，提高了城市建筑色彩的灵活性和可操作性。

（4）提出针对徐州的城市建筑色彩控制导引。

提出了城市建筑色彩规划设计总体规划；区域建筑色彩规划与管理的方法；对不同空间形态的色彩控制要点进行了阐述，对建筑外表皮材料的使用提出了建议.

（5）设定建筑色彩推荐色谱。

根据徐州市现有的城市建筑地理界限和城市规划片区界限，将整个市区的建筑色彩景观七大区域对不同片区建筑的色彩规划使用进行了详细的分析，并设定了不同片区的建筑色彩推荐色谱，为规划和设计片区的建筑色彩景观提供参考依据。

（6）对徐州市七大区域建筑色彩进行调研分析和规划设计。

根据徐州市七大景观区域的现状调研，对徐州市建筑色彩进行总结，分析建筑色彩状况、色彩的抽样比例，根据调研结果和各区域的评价分析对徐州市整体建筑色彩进行了规划设计。

参考文献

[1] 尹国均 . 后现代城市 : 重组建筑 [M]. 重庆 : 西南师范大学出版社，2008.

[2] 崔唯 . 城市环境色彩规划与设计 [M]. 北京 : 中国建筑工业出版社，2006.

[3] 宋建明 . 色彩设计在法国 [M]. 上海 : 上海人民美术出版社，1999.

[4] （荷兰）雷姆•库哈斯 /OAM 事务所等著，李亮、李华 译 . 大师的色彩 [M]. 北京 : 知识产权出版社、中国水利水电出版社，2003.

[5] 刑庆华 . 色彩 [M]. 南京 : 东南大学出版社，2005.

[6] 陈宇 . 城市景观的视觉评价 [M]. 南京 : 东南大学出版社，2006.

[7] 尹思谨 . 城市色彩景观规划设计 [M]. 南京 : 东南大学出版社，2004.

[8] 吴良镛 . 人居环境科学导论 [M]. 北京 : 中国建筑工业出版社，2001.

[9] 陶雄军 . 环境设计色彩 [M]. 南宁 : 广西美术出版社，2005.

[10] 傅黎明 . 工业产品造型设计研究 [M]. 长春 : 吉林人民出版社，2002.

[11] 徐州市规划局 . 都市印象 - 徐州市城市规划概览 [M]. 北京 : 中国铁道出版社，2008.

[12] 赵国志 . 色彩构成 [M]. 沈阳 : 辽宁美术出版社，1997.

[13] 王兵、戴正农 . 自然辩证法教程 [M]. 南京 : 东南大学出版社，1997.

[14]（美）雅各布斯著、金衡山译 . 美国大城市的生与死 [M]. 南京 : 译林出版社，2006.

[15] 焦燕 . 建筑外观色彩的表现与设计 [M]，北京 : 机械工业出版社，2003.

[16] 王授之 . 世界现代建筑史 [M]. 北京 : 中国建筑工业出版社，2006.

[17]（日）朝仓直巳著、赵郧安译 . 艺术•设计的色彩构成 [M]. 北京 : 中国计划出版社，2000.

[18] 熊明 . 城市设计学 [M]. 北京 : 中国建筑工业出版社，1999.

[19] J.C.Moughtin，Steven Tiesdell，Taner Oc. 美化与装饰（第二版）[M]. 中

国建筑工业出版社，2004.

[20] Harold Linton.Color in Architecture：Design Methods for Buildings，Interiors and Urban Spaces[M].New York：McGraw — Hill，1999.

[21]（美）保罗•芝兰斯基、玛丽•帕特•费希尔 著 . 文沛 译 . 色彩概论 [M]. 上海：上海人民美术出版社，2004.

[22] 过伟敏、史明 . 城市景观形象的视觉设计 [M]. 南京 . 东南大学出版社，2005.

[23] 邹时萌、王祖毅 . 城市规划原理 [M]. 北京 . 中国计划出版社，2002.

[24] C. 亚历山大、H• 奈斯、A• 安尼诺 著 . 陈治业、童丽萍 译 . 城市设计新理论 [M]. 北京，知识产权出版社，2002.

[25] 凯文•林奇 著，方益萍、何晓军 译 . 城市意象 [M]. 北京 . 华夏出版社，2001.

[26] 张鸿雁 . 城市形象与城市文化资本论 [M]. 南京：东南大学出版社，2002.

[27] 赵巍岩 . 当代建筑美学意义 [M]. 南京：东南大学出版社，2001.

[28] 吴家骅 . 环境设计史纲 [M]. 重庆：重庆大学出版社，2002.

[29] 季翔 . 建筑表皮语言 [M]. 北京：中国建筑工业出版社，2012.

[30] 季翔 . 英国建筑色彩美学意义 [J]. 华中建筑，2004.6 .

[31] 杨曾宪 . 城市色彩规划设计的意义及原则 [J]. 城市，2004.1.

[32] 焦燕 . 城市建筑色彩的表现与规划 [J]. 城市规划，2001.3.

[33] 焦燕、詹庆旋 . 当代中国大城市居住建筑色彩的现状与分析 [J]. 城市开发，2002.2.

[34] 逯海勇、胡海燕、谭　燕 . 基于城市景观色彩设计的可持续发展研究 [J]. 山东农业大学学报（自然科学版），2005，36（3）.

[35] 单磊、周信涛 . 城市公共建筑色彩语言 [J]. 中外建筑，2008.7.

[36] Gou，Aiping、Wang，Jiangbo.Research on the location characters of urban color plan in China[J]. Color Research and Application，2008.2.

[37] Haralabidis，P.E.、Pilinis，Christodoulos. Skylight color shifts due to variations of urban-industrial aerosol properties：Observer color difference

sensitivity compared to a digital camera[J]. Aerosol Science and Technology, 2008.8.

[38] 杨维祥、熊向宁、黄生辉 . 武汉城市色彩规划探讨 [J]. 规划师，2003.19.

[39] Michael Lancaster. Colorscape[J].london. Academy Editions. 1996.4.

[40] 李野夫 . 色彩・剪辑・组合 [J]. 时尚家居，2004.2.

[41] Gardner Carl.The use and misuse of colored light in the urban environment[J]. Optics and Laser Technology，2006.6/9.

[42] Smith，Dianne.Color-person-environment relationships[J].Color Research and Application，2008.8.

[43] 张惠东 . 试论城市色彩规划设计的原则 [J]. 科技情报开发与经济 ，2006.3.

[44] Yang，Xiaojun、Liu，Zhi.Use of satellite-derived landscape imperviousness index to characterize urban spatial growth[J].Computers，Environment and Urban Systems，2005.9.

[45] 谢浩、倪红 . 建筑色彩与地域气候 [J]. 城市问题，2004.3.

[46] 张衡宇 . 城市规划中建筑色彩选择的影响因素分析 [J]. 中国建设教育 ，2007.6 .

[47] 杨永春、向发敏、伍俊辉 . 中国城市建筑色彩演变趋势与机制研究——以兰州市为例 [J]. 建筑学报，2007.6.

[48] 孟兆国 . 从规划的角度谈城市的色彩设计 [J]. 山西建筑，2008.2 .

[49] 吕昀、宋韩 . 城市色彩设计 - 我国城市建设应该补上的一课 [J]. 中外建筑，2008.7.

[50] 钱桂芝、李同立、张莉、刘建中、孔健健 . 徐州城市绿化现状及调整意见 [J]. 江苏林业科技，2007.6.

[51] 康保苓 . 杭州休闲的文化性 [J]. 信息空间，2004.7.

[52] 王倩、杨毅 . 浅谈历史文化名城徐州及其保护规划 [J]. 山西建筑，2007.11.

[53] 刘荣增、崔功豪、冯德显 . 新时期大都市周边地区城市定位研究——以

苏州与上海关系为例 [J]. 地理科学，2001.2.

[54] 万敏、吴新华 . 城市色彩规划中的若干问题 [J]. 规划师，2004.7.

[55] 高履泰 . 论居住小区建筑色彩 [J]. 北京建筑工程学院学报，1996.1.

[56] Xu，Han-Qiu、Chen，Ben-Qing.Remote sensing of the urban heat island and its changes in Xiamen City of SE China[J].Journal of Environmental Sciences，2004.

[57] 张正辉 . 杭州城市色彩景观研究 [D]. 杭州 ：浙江大学硕士论文 ，2006.

[58] 廖宇 . 城市色彩景观规划研究—以成都市色彩景观规划为例 [D]. 成都 ：四川农业大学硕士论文，2007.

[59] 王琳 . 城市色彩设计指引研究 [D]. 武汉 ：华中科技大学硕士论文 ，2005.

[60] 谢海琴 . 苏北传统民居和谐美表现 [D]. 徐州 ：中国矿业大学硕士论文，2008.

[61] 张正辉 . 杭州城市色彩景观研究 [D]. 杭州 ：浙江大学硕士论文 ，2006.

[62] 高文容 . 城市硬质景观色彩规划设计初探 [D]. 北京 ：北京林业大学硕士论文，2007.

[63] 辛艺峰 . 走向新时期的城市环境色彩设计 [J]. 新建筑，1995.4.

[64] 秦耕 . 城市建筑色彩迷局 [J]. 中国地产市场，2003.11.

[65] 王东 . 关于城市色彩景观规划的探讨 [J]. 建设科技，2006.11.

[66] 周良建 . 城市色彩与和谐居住环境 [J]. 住宅科技，2006.8.

[67] 袁新敏 . 城市色彩之我见 [J]. 城乡建设，2001.6.

[68] 侯昀 . 浅谈城市色彩 [J]. 安徽电子信息职业技术学院学报，2004.10.

[69] 李文庆、赵荣山、张文斌 . 生态城市中的色彩规划 [J]. 山西建筑，2006.7.

[70] 潘华 . 街道色彩景观规划的控制模式 [1]. 华侨大学学报（自然科学版），2005.4.

后　记

关于城市建筑色彩的研究已经进行了近十年的时间。在城市的高速发展中，老旧建筑持续地拆除，新建筑更是层出不穷地建设，城市色彩在不断地改变。这导致了建筑设计形态与色彩出现了一些冲突与矛盾，我们非常不愿看到一个好的建筑因色彩设计而出现问题，使得"珠玉蒙灰"。这也正是我们课题研究的必要性，探索出一个普遍性、规律性的城市建筑色彩设计管控基准与设计方法，将成为今后城市规划及建筑设计的重要依据。这也就是我们团队对城市建筑色彩研究的意义所在。

这种矛盾与冲突存在于每一个城市，而且处于持续变化的状态，因此对城市建筑色彩的研究也需要不断地更新与完善。本书内容只是该研究的阶段性成果，随着城市化进程的发展，我们也将对城市建筑色彩科学与设计方法进行更加深入的研究和探索。在本课题的研究中，课题组成员付出了不懈的努力和汗水，在此要感谢单磊、龚艳玲等提供的宝贵资料。

特别要感谢江苏省"六大人才高峰"资助项目："徐州市城市建筑色彩规划设计管理与实践"项目负责人、徐州市规划局李靖华博士的大力支持，为本书的完成提供了重要文件与素材，在这里由衷感谢。

写于江苏建院